Dominik Liebmann

Business Value of IT

Geschäftlichen Nutzen von IT-Projekten identifizieren, quantifizieren und kommunizieren.

2017

Inhaltsverzeichnis

Abstract		**iii**
1	**Einleitung**	**1**
	1.1 Ausgangslage	1
	1.2 Problemstellung	2
	1.3 Zielsetzung	3
	1.4 Abgrenzung	3
2	**Herausforderungen Projektbewertung**	**5**
	2.1 Beziehung der internen IT zu den Fachabteilungen	6
	2.2 Kommunikation der Unternehmensstrategie	7
	2.3 Projektauswahl	8
	2.4 Projektmanagement und -durchführung	11
	2.5 Fehlendes Change Management	13
	2.6 Fazit	14
3	**Vorgehensmodell**	**17**
	3.1 Anforderungen an das neue Vorgehensmodell	18
	3.2 Implementation der Anforderungen	21
	3.3 Modellanwendung	34
	3.3.1 Schritt 1: Herausforderungen und Strategie ermitteln	35
	3.3.2 Schritt 2: Strategiekarte erstellen	38
	3.3.3 Schritt 3: Projekt bewerten	39
4	**Fallbeispiel Allgemeine Schweizer Krankenversicherung**	**43**
	4.1 Herausforderungen	44

4.2	Nutzen	49
4.3	Kosten	51
4.4	Investitionsrechnung	55
4.5	Risiken	59
4.6	Sensitivätsanalyse	60
4.7	Szenarioanalyse	61

5 Zusammenfassung, Schlussfolgerungen und Massnahmen — **65**

5.1	Zusammenfassung	65
5.2	Schlussfolgerungen	66
5.3	Kritische Betrachtung und Massnahmen	67

Literaturverzeichnis — **69**

Glossar — **75**

Abstract

Informationstechnologie (IT) spielt im Wettbewerb um Kunden eine immer wichtigere Rolle. IT-Leiter Schweizer KMUs zeigen den geschäftlichen Nutzen von IT-Projekten jedoch ungenügend auf. Die Folge: Innovationen bleiben aus, Wettbewerbsvorteile werden nicht genutzt. Mit Hilfe des hier beschriebenen Vorgehensmodell werden IT-Leiter in die Lage versetzt, den geschäftlichen Nutzen von IT-Projekten aufzuzeigen und finanziell zu belegen. Zudem erhalten sie Werkzeuge, wie sie diesen Nutzen in die Organisation kommunizieren können.

Primäre Aufgabe der IT-Abteilung Schweizer KMUs ist die Sicherstellung des Betriebs. Die IT-Abteilung wird daran gemessen, zu welchen Kosten sie die benötigte Leistung erbringt. Verbesserungen des Preis-Leistungs-Verhältnisses werden durch IT-Projekte erbracht. Die Projektbewertung beschränkt sich auf die Höhe der zu erwartenden Einsparungen. Vernachlässigt wird dabei jedoch der Projektbeitrag zur Erhöhung der Einnahmen. Geschäftlicher Nutzen kann sowohl durch Reduzierung der Kosten als auch durch Erhöhung der Einnahmen geschaffen werden.

Projekte, deren Beitrag zur Erhöhung der Einnahmen bisher nicht quantifiziert werden konnte, werden nicht durchgeführt. Davon betroffen sind insbesondere Projekte mit einem hohen Innovationsgrad. Jedoch sind es gerade diese Innovationen, die langfristig Wettbewerbsvorteile sichern.

Durch diese Arbeit wird aufgezeigt, wie IT-Verantwortliche den geschäftlichen Nutzen von IT-Projekten identifizieren und quantifizieren können. Dadurch wird die IT-Abteilung im Unternehmen nicht mehr als reine Unterstützungsfunktion sondern als strategischer Wettbewerbsvorteil wahrgenommen.

Es wurde ein Vorgehensmodell erarbeitet, welches den Zusammenhang der IT-Projekte mit der Unternehmensstrategie herstellt. Mit Hilfe von Interviews mit IT-Verantwortlichen Schweizer KMUs als auch durch Literaturrecherche wurde die Ist-Situation aufgenommen und Anforderungen an das Vorgehensmodell abgeleitet. Zusätzlich wurden existierende Methoden des Projektmanagements, -kontrolle und -durchführung sowie Change- und Stakeholder Management Methoden betrachtet.

Die Untersuchungen haben gezeigt, dass nicht eine einzige Methode alle Anforderungen erfüllen kann. Vielmehr werden die zahlreichen Anforderungen durch die Kombination mehrerer, bereits existierender Methoden erfüllt. Über den kontinuierlichen Vergleich des prognostizierten und eingetretenen Nutzens wird die Qualität der Business Cases zur Projektbewertung verbessert. Zudem erlaubt ein Klassifizierungsschema einschliesslich Werkzeuge, Kennzahlen zu definieren und den Nutzen zu quantifizieren.

Kapitel 1

Einleitung

1.1 Ausgangslage

Informationstechnologie (Information Technology (IT)) ist zum festen Bestandteil jeden Unternehmens geworden. Kundendaten werden elektronisch verwaltet, Lagerhäuser sind vollautomatisiert, Filme und Serien werden über das Internet ins heimische Wohnzimmer übertragen. IT kann auf verschiedene Weise von Unternehmen eingesetzt werden. Dies reicht von der Vereinfachung von Tätigkeiten (elektronische Kundenverwaltung) über Automatisierung von Abläufen (vollautomatische Lagerverwaltung) bis zu rein digitalen Produkten (Online Videothek). Gleichgültig für welches Ausmass der IT-Unterstützung sich ein Unternehmen entscheidet, sie braucht in ihrer Organisation eine Person oder Abteilung, die die IT-Verantwortung übernimmt. Dies ist die interne IT-Abteilung.

Die primäre Aufgabe der internen IT-Abteilung ist es, den Betrieb des Unternehmens sicherzustellen d.h. die bestehenden Geschäftsprozesse so zu unterstützen, dass die Mitarbeiter aller Unternehmensbereiche effizient arbeiten können. Der Nutzen der IT-Abteilung wird darum häufig an Verfügbarkeits-, Durchsatz- und Kosten-Kennzahlen gemessen (z.B. Verfügbarkeit des Email Systems, Verarbeitung Anfragen pro Sekunde, Kosten pro Arbeitsplatz) [20]. Die interne IT-Abteilung stellt in dieser Funktion somit eine Unterstützungsfunktion dar, vergleichbar der Marketing, Finanz oder Personalabteilung [27].

Geschäftsprozesse sind u.a. auf Grund sich ändernden Kundenbedürfnisse, gesetzlichen Vorgaben oder Kosteneinsparungen Änderungen unterworfen. Diese Änderungen machen sich auch in den IT-Systemen bemerkbar, die diese Geschäftsprozesse unterstützen. Anpassungen an Systemen und Prozessen werden durch die IT-Abteilung in Form von Projekten durchgeführt. IT-Projekte können von wenigen Tagen (z.B. Softwareupdate) bis mehrere Jahre (z.B. ERP Einführung) dauern.
Unter dem Begriff des IT-Projekts werden in dieser Arbeit Projekte verstanden, die durch die interne IT-Abteilung (teil-)finanziert werden oder ohne Beteiligung der internen IT nicht durchgeführt werden können.

1.2 Problemstellung

Basis jeder Investitionsentscheidung, und IT-Projekte stellen keine Ausnahme dar, bildet eine Kosten-/Nutzen-Rechnung. Der Nutzen kann auf zwei Arten erbracht werden, entweder durch Erhöhung der Einnahme oder durch Reduzierung der Ausgaben. Während es sich IT-Verantwortliche Schweizer KMUs gewohnt sind, Kostenreduzierungen durch IT-Projekte auszuweisen, fällt ihnen das Aufzeigen des Beitrags zur Erhöhung der Einnahmen ungleich schwerer. Der Nutzen von IT-Projekten wird ungenügend identifiziert und quantifiziert.

Fällt der Entscheid für ein Projekt positiv aus d.h. es wird durchgeführt, so muss der IT-Verantwortliche dafür sorgen, dass die zukünftigen Geschäftsprozesse von den Mitarbeitern akzeptiert und gelebt werden. Anderenfalls besteht die Gefahr, dass der prognostizierte Nutzen geringer als erwartet ausfällt. Der IT-Verantwortliche muss somit in der Lage sein, die Mitarbeiter für sein Projekt zu gewinnen und den Nutzen zu kommunizieren.

1.3 Zielsetzung

In dieser Arbeit wird erläutert, wie IT-Verantwortliche Schweizer Kleine und mittlere Unternehmen. (KMU)s den Nutzen von IT Projekten aufzeigen können. Sie werden in die Lage versetzt, diesen Nutzen zu quantifizieren und gegenüber Stakeholdern zu kommunizieren.
Sie können die durch IT-Projekte zu erwartende Verbesserungen in Art und Höhe darlegen. Hierdurch können sie deutlichen machen, welchen Beitrag die interne IT zum Erhalt und Wachstum des Unternehmens leistet.

Als Mittel hierzu wird ein Vorgehensmodell erarbeitet, welches bestehende Methoden der Bereiche Projektbewertung, -management und -durchführung miteinander verbindet und IT-Projekte mit den Herausforderungen des Unternehmens verknüpft. Mit Hilfe von Stakeholder Management Methoden wird sichergestellt, dass die zukünftigen Prozesse von den Mitarbeitern gelebt und der prognostizierte Nutzen eintritt.

1.4 Abgrenzung

Im Zentrum der Betrachtung stehen IT-Projekte Schweizer KMUs. Es wird untersucht, wie Schweizer Unternehmen Projekte bewerten, verwalten, kontrollieren und durchführen. Diese Untersuchung findet mit dem Ziel statt, den geschäftlichen Nutzen von IT Projekten zu identifizieren, quantifizieren und kommunizieren. Hierzu werden die Projekte mit den Herausforderungen und der Strategie des Unternehmens verknüpft.
Vor diesem Hintergrund werden die Themenbereiche Projektbewertung, -management, -kontrolle und -durchführung betrachtet, jedoch nicht genauer vertieft oder deren unterschiedliche Ausprägung behandelt. Wo notwendig, werden Methoden und Anwendung der genannten Bereiche gezeigt (z.B. Business Case, Umwelt- und Unternehmensanalyse, etc.).

Um die Anzahl zu berücksichtigenden Faktoren der

Projektqualifizierung einzuschränken, wird davon ausgegangen, dass die mögliche Projektdurchführung massgeblich vom Resultat der Investitionsrechnung beeinflusst wird. Somit werden keine Methoden des internen Verkaufs betrachtet d.h. auf welche Weise IT-Verantwort-liche die Durchführungschancen eines Projekts innerhalb des Unternehmens steigern können. Statt dessen werden Methoden gezeigt, mit deren Hilfe der mögliche Widerstand während der Projektdurchführung aktiv beeinflusst werden kann.

IT-Projekte benötigen für ihre Durchführung finanzielle Mittel d.h. sie verursachen Kosten. Es wird davon ausgegangen, dass innerhalb des Unternehmens der Nachweis erbracht werden muss, welche einmaligen und laufenden Kosten ein Projekt verursacht. Diese Tatsache ist unabhängig davon, ob die finanziellen Mittel bereits zur Verfügung stehen d.h. in der Budgetplanung bereits berücksichtigt wurden oder diese explizit für das Projekt beantragt werden müssen.

Kapitel 2

Herausforderungen Projektbewertung

Unternehmen verfügen typischerweise über beschränkte Ressourcen, so dass sie nicht alle interessanten Projekte gleichzeitig durchführen können. Sie müssen eine Auswahl der potentiellen Projekte treffen. Zur Auswahl der Projekte kommen finanzielle Kriterien, meist in Form einer Kosten/Nutzen Rechnung zum Einsatz. Diese Rechnung stellt eine Prognose dar und dient dazu, das Projekt für die Durchführung zu qualifizieren. Sie sagt jedoch nichts darüber aus, welchen tatsächlichen Wertbeitrag das Projekt nach Abschluss erbracht hat. Unter Wertbeitrag verstehen wir die Differenz aus Nutzen abzüglich der Kosten.

Zur Erarbeitung des Vorgehensmodells wurden Interviews mit Führungspersonen Schweizer KMUs durchgeführt. Es sollte festgestellt werden, welchen Herausforderungen diese bei der Auswahl und Durchführung von IT-Projekten gegenüberstehen. Es wurden Unternehmen aus den Bereichen Banken, Gesundheitswesen, Informations- und Telekommunikation als auch der öffentlichen Verwaltung befragt. Zwei der Unternehmen treten als IT Dienstleister des Mutterkonzerns auf, während drei Unternehmen über eine eigene IT-Abteilung verfügen. Aus der Analyse der Interviewantworten lassen sich die folgenden Herausforderungen ableiten.

2.1 Beziehung der internen IT zu den Fachabteilungen

Die befragten Unternehmen gaben an, dass der Grossteil der Anforderungen an die IT-Abteilung aus den Fachabteilungen heraus gestellt werden. Meist handelt es sich dabei um Prozessverbesserungen mit dem Ziel der Kostenreduzierung. Der internen IT-Abteilung fällt dabei die Aufgabe zu, die für die Prozessverbesserung notwendige Technologie zu liefern.
Trotz der engen Zusammenarbeit zwischen der internen IT und den Fachabteilungen wird die Kommunikation zwischen beiden Parteien durch die Interviewpartner als ungenügend betrachtet. Das zeige sich daran, dass die Anforderungen und Probleme von der jeweils anderen Partei nicht verstanden würde. Folglich müsse der Projektleiter zwischen IT- und Fachabteilung „übersetzen". Die Kommunikationsfähigkeit des Projektleiters sei entscheidend, ob beider Seiten Anliegen im Projekt berücksichtigt und die Projektziele erreicht werden.

Diese Situation lässt sich in Unternehmen häufig beobachten [1, 3]. Bell stellt fest, dass Fachabteilungen mit der Geschwindigkeit und Qualität der internen IT unzufrieden sind. Sie sind der Meinung, die IT könne nicht mit den Herausforderungen der Fachabteilung mithalten. Aus Sicht der IT-Abteilung lägen die Gründe für Projektverzögerungen bei den Fachabteilungen. Diese seien nicht in der Lage, ihre Anforderungen deutlich zu machen, so dass im fortgeschrittenen Projektverlauf stets Änderungen eingebracht werden [1]. Dreyfuss greift die Kommunikationsfähigkeit des Projektleiters auf. Er empfiehlt CIOs die Rolle eines sogenannten Business Relationship Manager einzuführen. Dessen Aufgabe besteht darin, die Beziehung zwischen Fach- und IT-Abteilung zu verbessern [3].

Aus den Betrachtungen lässt sich erkennen, dass die IT-Abteilung durch das reine Liefern der Technologie keinen Beitrag zum Unternehmenserfolg leistet. Der Beitrag entsteht vielmehr durch die Fachabteilungen, in dem sie die Technologie für ihre Prozesse einsetzen. Diese neuen Prozesse führen dazu, dass entweder Kosten gesenkt oder Einnahmen erhöht werden können. Folglich zeigt sich der Nutzen von Investitionen in IT und damit verbunden IT-Projekte nur indirekt über die Fachabteilungen und ihre Prozesse.

Auf Grund ihrer internen Dienstleisterrolle steht die interne IT in gewisser Abhängigkeit mit den Fachabteilung. Zwar kann diese Abhängigkeit als gegenseitig bezeichnet werden, jedoch besteht der Unterschied in der Intensität. Während die interne IT in den seltensten Fällen ihre Leistungen auf dem freien Markt anderen Unternehmen anbieten wird, können die Fachabteilungen in vielen Fällen IT Dienstleistungen extern und damit an der internen IT vorbei beschaffen.

Die IT-Abteilung sollte somit an einer engen und guten Beziehung zu den Fachabteilungen interessiert sein. Erst durch die Fachabteilungen kann sie ihre Leistung und Bedeutung für das Unternehmen darlegen.

2.2 Kommunikation der Unternehmensstrategie

Produktlebenszyklen werden immer kürzer, Unternehmensprozesse immer komplexer. Eine Mitarbeiterführung, die konkrete Handlungsanweisungen vorgibt, eignet sich wenig für eine Umwelt, die vielen Veränderungen unterworfen ist. Stattdessen sollte der Führungsstil Handlungsspielräume definieren und langfristige Ziele aufzeigen. In diesem Zusammenhang nimmt die Bedeutung der Unternehmensstrategie als Führungsinstrument zu [4].

Die untersuchten Unternehmen wurden zu ihrer Strategie und deren Kommunikation in die Organisation befragt. Es stellte sich heraus, dass die Haltung zur Definition und Kommunikation der Unternehmensstrategie stark variiert. Zum Teil wird diese nicht definiert, sondern lediglich durch eine wage Aufgabenbeschreibung (Mission) ersetzt [10]. In einem Fall wird die Unternehmensstrategie bewusst nicht kommuniziert und als vertraulich behandelt [11]. Allen Befragungen gemein war hingegen, in den Fällen, wo eine Unternehmensstrategie definiert wird, wird diese auf verschiedene Weise (Intranet,

Mitarbeiterzeitung, interne Veranstaltung, etc.) und adressatengerecht kommuniziert.

2.3 Projektauswahl

Die Existenz von Unternehmen wird von durch zahlreiche Faktoren gefährdet. Porter hat hierzu das Modell der Fünf Wettbewerbskräfte entwickelt [26]. Unternehmen führen Projekte durch, um durch Verbesserungen diesen Kräften zu begegnen.

Allgemein gesprochen führen Projekte von einem Ist-Zustand in einen als besser beurteilten Soll-Zustand über. Dies geschieht nicht von sich aus sondern benötigt den Einsatz von Ressourcen (finanzielle wie personelle). Projekte schwächen somit während ihrer Durchführungsdauer die Leistungsfähigkeit des Unternehmens, denn sie binden Ressourcen, die für die operationellen Tätigkeiten fehlen [20]. Daraus lässt sich ableiten, dass Projekte idealerweise

- wenig Ressourcen binden sollten, da diese an andere Stelle des Unternehmens gebraucht werden
- eine kurze Laufzeit aufweisen, um die benötigten Ressourcen möglichst bald wieder freizusetzen
- zu grossen Verbesserungen führen, um die Existenz des Unternehmens langfristig zu sichern.

Während sich die ersten beiden Anforderungen an Projekte leicht bestimmen lassen, drückt sich die dritte Anforderung an eine Verbesserung in vielfältiger Weise aus. Allgemein lässt sich sagen, die Verbesserung ist umso grösser, desto mehr sie zum Erhalt oder Wachstum des Unternehmens beiträgt. Folglich sollten sich Projektziele an den Herausforderungen des Unternehmens ausrichten. Die drei genannten Anforderungen liefern die Grundlage für eine mögliche Projektbewertung.

Ein Antrag zur Durchführung eines Projekts muss u.a. darlegen können, welche *Ressourcen* in welchem *Zeitraum* benötigt werden (Kosten) als auch in welcher Form und Höhe die *Verbesserung* eintritt (Nutzen). Aus der eigenen Erfahrung wissen wir, dass

2. Herausforderungen Projektbewertung

mehr Projektanträge erstellt werden, als Mittel zur Verfügung stehen. Es muss folglich eine Auswahl vorgenommen werden.

Die Interviewpartner wurden befragt, auf welche Weise in ihrem Unternehmen die Projektauswahl getroffen wird. In der überwiegenden Anzahl der Fälle trifft ein organisatorisch übergeordnetes Gremium die Entscheidung. In einem der betrachteten Fälle handelt es sich dabei um einen Lenkungsausschuss, in einem anderen Fall ist dies die Geschäftsleitung.
Bei der Auswahl der Projekte spielt der prognostizierte Wertbeitrag eine entscheidende Rolle. Als Instrument zur Schätzung des Wertbeitrags kommen Business Cases zum Einsatz. Diese werden meist von den Projektantragstellern erstellt. Um die Entscheidung der Projektgenehmigung positiv zu beeinflussen, kann es vorkommen, dass die Angaben der Business Cases zu optimistisch dargestellt werden. In der Folge sinkt das Vertrauen sowie deren Aussagekraft. Um dem entgegenzuwirken, sollte nach Projektabschluss der tatsächlich eingetretene Nutzen gegen den ursprünglichen Business Case geprüft werden (siehe dazu auch Kapitel 3).

In der Literatur finden sich vergleichbare Aussagen zur Methodik der Projektauswahl. So stellt Brugger fest, dass zwar Business Cases das am häufigsten angewandte Instrument zu Projektbewertung darstellt, diese dennoch bewusst oder unbewusst zu optimistisch erstellt werden [2]. Weiter kann die Erstellung eines Business Cases zu einem sehr hohen Aufwand führen. Der Grund hierzu liegt in der Beschaffung der für die Bewertung notwendigen Daten. Während sich die Kosten vergleichsweise leicht ermitteln lassen (z.B. Anzahl benötigter Mitarbeiter, Anzahl externer Berater, Projektdauer, etc.), trifft dies für den erhofften Projektnutzen oft nicht zu. So lassen sich die Kosten bereits aus den für das Projekt notwendigen Aktivitäten und deren Ressourcenbedarf ableiten. Ein grober Projektplan liefert hierzu weitere Hinweise. Der Nutzen eines Projekts hingegen ist weniger offensichtlich.
Nach Brugger kann der Nutzen eines Projektes in der Erhöhung

des Umsatzes oder in der Reduzierung der Kosten bestehen [2]. Eine Erhöhung des Umsatzes ergibt sich aus der Erschliessung neuer Quelle (z.B. neue Kundensegmente) und Umsatzerhöhung existierender Kunden (z.B. mehr Produkte pro Kunde verkauft). Auf Seite der Kosten unterscheidet Brugger zudem zwischen Kosteneinsparung (z.B. Reduzierung der jährlichen Software Wartungsverträge) und Kostenvermeidung (z.B. wenn die Anschaffung von Hardware vermieden oder aufgeschoben werden kann).

Eine Erhöhung der Produktivität stellt jedoch nur dann einen Nutzen dar, wenn sich die Produktivitätssteigerung entweder in einer Erhöhung des Umsatzes (z.B. wenn Verkaufsmitarbeiter weniger administrative Tätigkeiten durchführen müssen und die frei werdende Zeit zu mehr Kundenzugängen führt) oder in der Reduzierung der Betriebskosten (z.B. wenn Tätigkeiten durch weniger Mitarbeiter durchgeführt werden können und dadurch die Mitarbeiteranzahl reduziert werden kann) ausdrückt. Mittel hierzu stellen die Schaffung einheitlicher Prozesse sowie die Erhöhung des Automatisierungsgrads dar.

Als weiteren finanziellen Nutzen nennt Brugger die Reduzierung des Umlaufvermögens. Das Umlaufvermögen stellt das Vermögen dar, welches für die Leistungserbringung eines Unternehmens notwendig ist. Im Falle eines Unternehmens, welches Produkte über einen Onlineshop vertreibt, gehören die gelagerten Waren als auch die noch ausstehenden, nicht bezahlten Kundenrechnungen zum Umlaufvermögen. Die Nutzenunterscheidung stellt Abbildung 2.1 grafisch dar.

2. Herausforderungen Projektbewertung

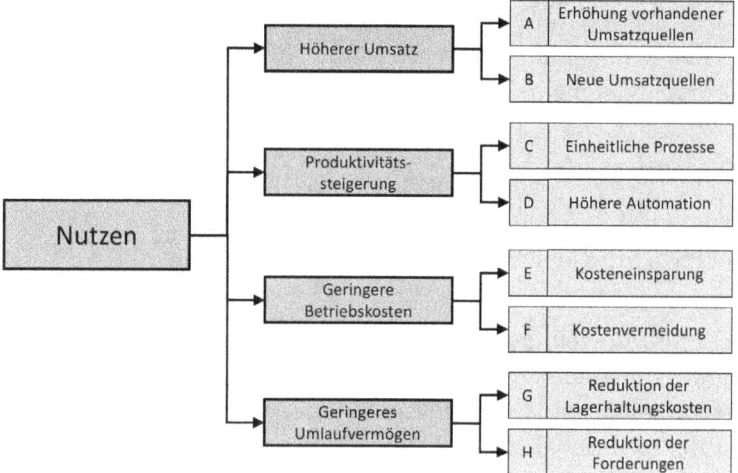

Abbildung 2.1: Unterscheidung des Nutzens nach Brugger, Quelle: Brugger

Weiter sollte der Aufwand für die Erstellung des Business Cases in Relation zu den Projektkosten stehen. Nach unseren Erfahrungen definieren Unternehmen hierzu Vorgaben, wann ein Business Case erstellt werden muss. So kann z.B. ein Projekt welches weniger als 100'000 CHF Kosten verursacht, keinen Business Case benötigen. Bis eine Million Schweizer Franken ist jedoch ein Business Case notwendig, während für Projektkosten darüber ein eigenes Projekt zur Ermittlung der finanziellen Angaben durchgeführt wird. Jedes Unternehmen muss jedoch für sich entscheiden, welchen Aufwand es für die Business Case Erstellung betreiben möchte.

2.4 Projektmanagement und -durchführung

Um die Kontrolle und Nachvollziehbarkeit der Projektdurchführung sicherzustellen, werden Projekte nach Projektmanagement Methoden durchgeführt. Diese unterstützen das Planen, Steuern und Kontrollieren von Projekten. Durch ein geordnetes Vorgehen, oft unterteilt in Phasen, tragen sie dazu

bei, definierte Projektziele zu erreichen.
Zu den in der Schweiz am häufigsten angewendeten Projektmanagement Methoden zählen laut Moser [8]

- Swiss NCB von IPMA
- PMBOK von PMI
- PRINCE2 von OGC
- HERMES der Schweizer Bundesverwaltung

Die untersuchten Unternehmen gaben zur Befragung ihrer Projektmanagement Methoden und Durchführung an, dass sie grundsätzlich mit den existierenden Methoden zufrieden sind. Ein Grossteil der durchgeführten Projekte wurden als erfolgreich beurteilt. Ein Projekt wird als erfolgreich definiert, falls die Rahmenbedingungen Zeit, Budget und Qualität eingehalten wurden.
In einigen Fällen musste der Projektumfang (Scope) auf Grund neuer Erkenntnisse während der Durchführung angepasst werden. An den Rahmenbedingungen orientiert sich ebenfalls die Projektkontrolle. Keines der befragten Unternehmen betrachtet zur Projektkontrolle den initialen Business Case, weder während noch nach der Projektdurchführung. Der Business Case wird ausschliesslich zur Projektauswahl eingesetzt.
Die Herausforderungen bestehen nach Angaben eines Unternehmens nicht in der eigentlichen Projektdurchführung, sondern vielmehr in der Feststellung, ob und wie weit das Projekt zum Erhalt und Steigerung der Leistungsfähigkeit des Unternehmens beiträgt [11].
Business Cases liefern eine Entscheidungsgrundlage auf Basis finanzieller Zahlen. Sie berücksichtigen dazu die benötigte Zeit, Kosten und Nutzen. Sie liefern den Entscheidern jedoch keine Aussage darüber, inwieweit das Projekt zur Bewältigung der Herausforderungen des Unternehmens beiträgt (siehe dazu auch Abschnitt 2.3).
Zudem sollten die Kriterien zur Feststellung des Projekterfolgs erweitert werden. Neben den Rahmenbedingungen Zeit, Kosten und Qualität sollte ebenfalls die Erfüllung des prognostizierten Nutzens als weitere Bedingung berücksichtigt werden. Da der

Nutzen der Technologie sich in den Geschäftsprozessen widerspiegelt, muss nach Projektabschluss festgestellt werden, ob die Mitarbeiter nach den angepassten Geschäftsprozessen arbeiten und diese Prozesse den prognostizierten Nutzen liefern.

2.5 Fehlendes Change Management

IT-Projekte verändern Geschäftsprozesse d.h. die Art und Weise wie gearbeitet wird. Das damit verbundene Change Management befasst sich mit Werkzeugen und Techniken zur Veränderungen von Prozessen. Es hat zum Ziel, Organisationen zu verbessern, in dem es hilft, bestehende Arbeitsweisen zu ändern [6]. Ward und Daniel stellen fest, dass wirtschaftlicher Nutzen nicht durch die Bereitstellung von Technologie geschaffen wird, sondern durch die damit angepassten Prozesse [30]. Durch die Betrachtung der persönlichen und individuellen Konsequenzen der Veränderung unterscheidet sich das Change Management von der prozessorientierten Sicht des Projektmanagements.

Nach Schoen werden jedoch in den wenigsten Fällen Mittel wie Zeit, Personal und Geld zur Planung und Durchführung eines Change-Prozesses bereitgestellt. Dies obschon ein projektbegleitender Change Management Prozess als grundlegend und wirkungsvoll betrachtet wird [29]. Weiter verfügen nur wenige IT-Abteilungen über das notwendige Wissen in Change Management. Die Projektführung konzentriert sich auf die Einhaltung der Zielvorgaben Zeit, Kosten und Qualität. Ausser Acht gelassen werden die Anwender und betroffenen Personen, die mit der neuen IT-Lösung arbeiten [29]. Als Folge sind 45 Prozent der fehlgeschlagenen Projekte auf fehlendes oder ungenügendes Change Management zurückzuführen [22].

Die Ansicht der Literatur deckt sich sowohl mit den Antworten der befragten Unternehmen als auch mit unseren Erfahrungen. Die Implementation der Prozesse wird als Aufgabe des Projekts angesehen, jedoch werden in den wenigsten Fällen entsprechende Mittel hierfür eingeplant.

2.6 Fazit

Business Cases werden zur Projektauswahl eingesetzt. Sie werden nicht als Instrument zur Projektkontrolle verwendet, weder während der Durchführung noch nach Projektabschluss. Der tatsächlich eingetretene Nutzen wird nicht explizit gemacht. Eine Anpassung des Business Cases und Prüfung der Projektergebnisse gegenüber des ursprünglichen Business Case würde die Qualität zukünftiger Prognosen verbessern und das Vertrauen fördern.

Projekte werden isoliert betrachtet. Ein strukturiertes Ausrichten der Projekte auf die Herausforderungen des Unternehmens findet nicht statt. Eine Orientierung der Projekte an den Herausforderungen trägt zum optimalen Ressourceneinsatz bei. Somit wird neben der reinen finanziellen Betrachtung zusätzlich die Bewältigung der Herausforderungen als Kriterium zur Projektauswahl hinzugenommen.

Projektbegleitendes Change Management wird vom Projekt durchgeführt. Projektleiter verfügen jedoch oft nicht über die notwendigen Fähigkeiten. Das Erfüllen der Kriterien Zeit, Kosten und Qualität wird von ihnen als ausreichend betrachtet. Die Akzeptanz und das Einhalten der neuen Prozesse wird nicht durch das Projekt betrachtet.
Veränderungsprozesse sollten durch das obere Management getragen und durch dieses kommuniziert werden. Innerhalb des IT Projekts sollte eine Person für die Implementation der Prozessanpassung verantwortlich sein und über die notwendigen Change Management Kompetenzen verfügen. Die Akzeptanz und Einhaltung der Prozesse sollten Bestandteile der Projektziele sein [29].

IT-Verantwortliche sollten sich um eine gute Beziehung zu den Fachabteilungen bemühen. Durch diese können sie ihre Leistung demonstrieren. Zur Messung sollten Indikatoren zum Einsatz kommen, die fachlich relevant sind. So sollte statt der Verfügbarkeit der Systeme die Zeit, in der Mitarbeiter auf Grund von Downtimes (Nicht-Verfügbarkeit der Systeme) ausgewiesen werden. Durch den Vergleich der Indikatoren (Benchmarking), extern oder intern über die Zeit, kann Vertrauen aufgebaut werden und Verbesserungen kommuniziert werden.

Kapitel 3

Vorgehensmodell

Kapitel 2 hat aufgezeigt, welchen Herausforderungen Schweizer KMUs in der Auswahl und Durchführung von IT-Projekten gegenüberstehen. Ebenfalls wurde erläutert, mit welchen Methoden sie diesen begegnen. Jede der Methoden (Auswahl, Durchführung, Kontrolle und Verwaltung von Projekten, Change Management) liefert ihren spezifischen Beitrag. Jedoch macht die Untersuchung auch deutlich, dass die eingesetzten Methoden IT-Projekte nicht an den Unternehmensherausforderungen ausrichten und dadurch ihren Nutzen ungenügend aufzeigen. Folglich braucht es ein Vorgehensmodell, welches sich den bestehenden Mitteln bedient, um den Nutzen von IT-Projekten zu identifizieren und quantifizieren.

In den nachfolgenden Abschnitten wird beschrieben, welche Anforderungen das neue Vorgehensmodell erfüllen muss. Ebenfalls wird erläutert, wie diese durch das Modell implementiert werden. Die Anforderungen sind dabei nicht auf das zuvor beschriebene Defizit der Ausrichtung der IT-Projekte beschränkt. Vielmehr stellen sie Anforderungen an die Auswahl, Durchführung, Kontrolle und Verwaltung von IT-Projekten dar. In Abschnitt 3.3 wird detailliert auf die Anwendung des Modells einschliesslich den verwendeten Werkzeugen eingegangen. Kapitel 4 beschreibt ein Fallbeispiel einer fiktiven Schweizer Krankenversicherung, die mit Hilfe des vorgestellten Vorgehensmodells den Nutzen von IT-Projekten identifiziert und quantifiziert.

3.1 Anforderungen an das neue Vorgehensmodell

A.1: Ausrichtung der Projekte an den Herausforderungen des Unternehmens

Projekte werden zusätzlich zu den operativen Tätigkeiten eines Unternehmens durchgeführt. Die für die Durchführung notwendigen Ressourcen fehlen dadurch an anderen Stellen des Unternehmens. Gleichzeitig agieren Unternehmen in ihrem Markt nicht alleine. Sie werden vielfach durch ihre Umwelt beeinflusst. Porter identifiziert hierzu fünf Wettbewerbskräfte, die die Existenz und Wachstum von Unternehmen gefährden [26]:

1. Substitutionsprodukte
2. Neue Marktteilnehmer
3. Verhandlungsmacht der Lieferanten
4. Verhandlungsmacht der Kunden
5. Rivalität innerhalb der Branche

Neben der Umwelt, in der ein Unternehmen tätig ist, haben ebenfalls unternehmensinterne Faktoren einen Einfluss auf das Unternehmen. So bestimmt z.B. die Effizienz der Geschäftsprozesse, zu welchen Kosten das Unternehmen operiert und welche Einnahmen es generieren muss, um kostendeckend zu arbeiten.

Vor dem Hintergrund der Wettbewerbskräfte betrachtet, steht der Ressourceneinsatz für ein Projekt in Konkurrenz zum Einsatz für die eigentliche Geschäftstätigkeit. Folglich sollte bei gleichem Ressourceneinsatz das Projektergebnis im Vergleich zur operativen Tätigkeit grösser sein. Ein Weg dies zu erreichen besteht in der Identifizierung und Ausrichtung der Projekte an den Herausforderungen des Unternehmens. Deren Bewältigung trägt aktiv zum Erhalt und Wachstum des Unternehmens bei.

Das neue Vorgehensmodell muss somit die Identifizierung der Herausforderungen eines Unternehmens unterstützen. Zur

Erfassung der Herausforderungen müssen Umweltaspekte, Konkurrenzsituation, interne Prozesse und Fähigkeiten des Unternehmens betrachtet werden.

A.2: Unterstützung zur Bewertung und Auswahl der Projekte

Typischerweise konkurrieren mehrere Projekte innerhalb eines Unternehmens um die gleichen Ressourcen. Aus dieser Perspektive scheint es sinnvoll, diejenigen Projekte auszuführen, die dem Unternehmen den grössten Nutzen versprechen. Zur Auswahl der Projekte braucht es somit eine Methode, um den Nutzen zuverlässig bestimmen zu können. Dabei soll die Methode auf alle Projekte anwendbar sein, um eine Vergleichbarkeit und Auswahl zu erlauben. Ferner müssen die Annahmen und Daten dargelegt werden können.

A.3: Involvieren der beteiligten Personen

Die wirtschaftliche Leistung eines Unternehmens hängt von der Effektivität und Effizienz ihrer Prozesse ab [30]. Werden diese Prozesse geändert, so müssen die betroffenen Mitarbeiter an die neuen Abläufe gewöhnt werden. Anderenfalls können die neuen Prozesse ihr Potential nicht entfalten. Damit diese Veränderungen in den Prozessen durch die beteiligten Personen mitgetragen, akzeptiert und gelebt werden, sind Massnahmen zum Einbezug der Mitarbeiter notwendig.

A.4: Effektive und effiziente Projektdurchführung

Da die Durchführung von Projekten Ressourcen bindet, die für die eigentliche Geschäftstätigkeit fehlen, müssen Projekte zielorientiert durchgeführt werden. Je kürzer die Projektdauer desto früher kann das Unternehmen von den Ergebnissen profitieren. Projekte müssen somit möglichst effizient durchgeführt werden.

A.5: Kontinuierliche Verbesserung

Kontinuierlichen Verbesserung basiert auf dem Grundsatz, dass kleine aber stetige Verbesserungen leichter zu implementieren sind, als grosse, seltene Verbesserungen. Die Kontinuierliche Verbesserung hat ihren Ursprung in der Japanischen Autoindustrie der 1950er. Eine Ausprägung der kontinuierlichen Verbesserung besteht im Deming- oder auch PDCA-Zyklus [7]. In abwechselnder, sich wiederholender Reihenfolgen werden die Schritte Planung (**P**lan), Durchführung (**D**o), Kontrolle (**C**heck) und Anpassung (**A**ct) durchlaufen.

Dieses Prinzip hat sich auch in der Softwareentwicklung etabliert. So beinhaltet die Softwareentwicklungsmethode Scrum ebenfalls Elemente der genannten Schritte. In der Planungsphase, dem Scrum-Meeting, werden die zu implementierenden Funktionen definiert. In der nachfolgenden Durchführungsphase findet die Entwicklung statt. Die Kontrolle wird durch tägliche, kurze Meetings (Standup-Meetings) sichergestellt während in sogenannten Retro-Meetings nach Ende der Entwicklung das gesamte Entwicklungsteam positive und negative Erkenntnisse bespricht. Diese fliessen in die nachfolgende Planungsphase (Scrum-Meeting) ein.

Weitere Ausprägungen der kontinuierlichen Verbesserung zeigen sich im Qualitätsmanagement in Form des Total Quality Management sowie im Managementsystem Six-Sigma.

A.6: Strukturiertes, phasenorientiertes Vorgehen

Um die Planbarkeit und Kontrolle von Projekten zu gewährleisten, müssen diese in kleinere Einheiten (Phasen) unterteilt werden. In Anlehnung an das Project Management Body of Knowledge (PMBOK) des Project Management Institut (PMI) können Projekte in die Phasen Initialisierung, Umsetzung, Begleitung und Abschluss unterteilt werden. Während die ersten drei Phasen aufeinander folgen, muss ein Projekt während seiner Lebensdauer begleitet werden (siehe Tabelle 3.3 und Abbildung 3.1).

3. Vorgehensmodell

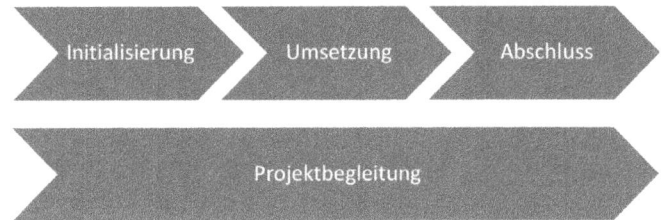

Abbildung 3.1: Phasen und Elemente einer generischen Projektmethode

3.2 Implementation der Anforderungen

A.1: Ausrichtung der Projekte an den Herausforderungen des Unternehmens

Die Ausrichtung der Projekte an den Herausforderungen wird mit Hilfe einer Strategiekarte umgesetzt. Sie stellt ein Werkzeug dar, um die indirekte Beziehung der Projekte über Prozesse und Ziele hinweg mit den Herausforderungen des Unternehmens zu verknüpfen. Die vorgestellte Strategiekarte lehnt sich an Ward und Daniel [30] sowie Kaplan und Norton [19] an. Sie besteht aus vier, aufeinander aufbauender Ebenen (siehe Abbildung 3.2).

Auf der obersten Ebene (Herausforderungen) befinden sich die Herausforderungen des Unternehmens. Hier geht es darum zu erkennen, wo das Unternehmen im Vergleich zu seiner Konkurrenz steht und in welchen Bereichen es sich verbessern kann. Aus diesen Herausforderungen werden Initiativen und Ziele abgeleitet (Ebene Ziele), die zur Bewältigung der Herausforderungen beitragen.

Auf der nachfolgenden Ebene (Prozesse) befinden sich die Prozesse und Aktivitäten, die sich ergeben, um die Ziele zu erreichen. Hier geht es darum, die bestehenden Prozesse zu hinterfragen. Es wird ermittelt, welche Aktivitäten anders, neu oder nicht mehr ausgeführt werden sollen.

Auf der untersten Ebene schliesslich finden sich die notwendigen Voraussetzungen, damit die Prozesse implementiert werden

3. Vorgehensmodell

können. Voraussetzungen können sowohl technische (IT-Projekte) als auch fachliche, organisatorische Voraussetzungen darstellen. Dabei können Projekte durchaus mehrere Prozesse unterstützen. So kann z.B. ein System zur Archivierung von Dokumenten sowohl der Entwicklung von Produkten als auch der Betreuung von Kunden dienen. Folglich kann ein Projekte mehrere Herausforderungen adressieren.

Weiter kann ein Prozess durch mehrere Projekte unterstützt werden. In diesem Fall ist zu untersuchen, ob alle unterstützenden Projekte durchgeführt werden müssen, oder ob sie mögliche Alternativen darstellen.

Ferner können die Voraussetzungen zueinander Abhängigkeiten besitzen. Die Ebene Voraussetzungen beantwortet die Frage, was muss gegeben sein, damit die Prozesse implementiert werden können. Abschnitt 3.3 geht ausführlich auf die Erstellung der Strategiekarte ein.

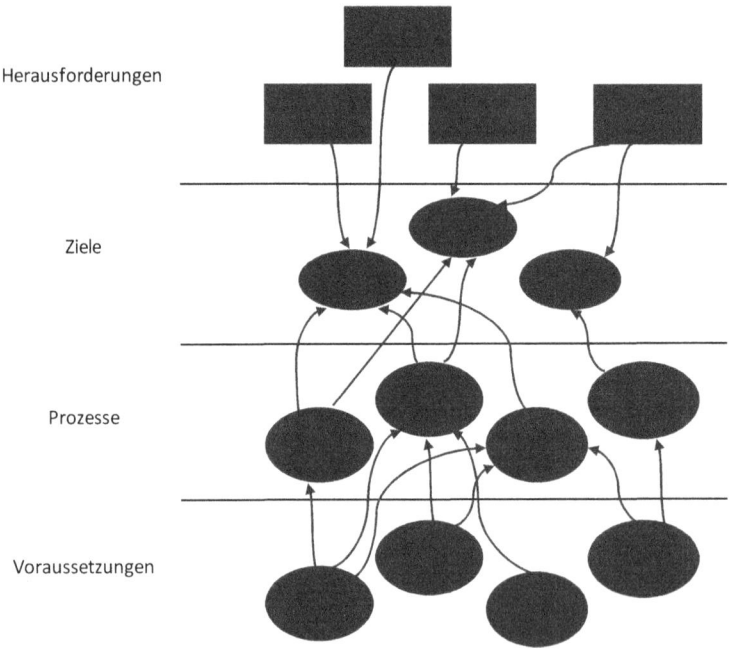

Abbildung 3.2: Schema der Strategiekarte in Anlehnung an Ward und Daniel sowie Kaplan und Norton

A.2: Unterstützung zur Bewertung und Auswahl der Projekte

Zur Unterstützung der Auswahl der Projekte muss der wirtschaftliche Nutzen identifiziert und quantifiziert werden. Die Strategiekarte liefert durch die Ausrichtung der Projekte an den Herausforderungen des Unternehmens bereits Hilfestellung. Zur besseren Quantifizierung des Nutzens werden die Projektkandidaten in drei Kategorien unterteilt - in werterhaltende, wertsteigernde und unternehmensverändernde Projekte [1] (siehe Abbildung 3.3). Die Unternehmensziele liefern die zur Unterscheidung notwendigen Entscheidungsgrundlage.

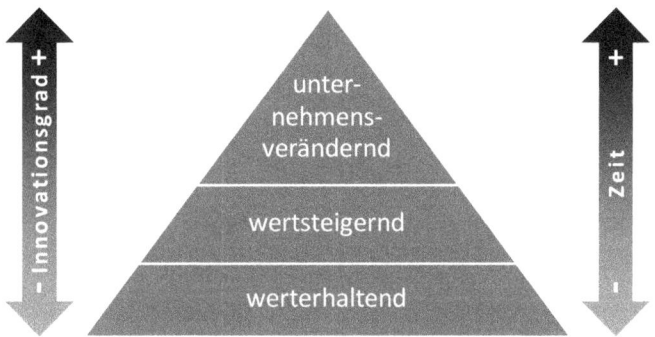

Abbildung 3.3: Projektkategorien

werterhaltende Projekte

Werterhaltende Projekte zeichnen sich durch nicht-differenzierende Aktivitäten und Leistungen aus. Leistungen werterhaltender Projekte werden vom Endkunden nicht wahrgenommen oder er betrachtet diese als selbstverständlich. Die Einhaltung von regulatorischen Auflagen zählen zu den werterhaltenden Initiativen, um nur ein Beispiel zu nennen.

Werterhaltende Projekte weisen eine geringe Unsicherheit auf, da meist bekannt ist, was gemacht werden muss, und auch wie es gemacht werden muss. Oft handelt es sich um Projekte von kurzer Durchführungsdauer. Bei den werterhaltenden Projekten

geht es um die Reduzierung der Kosten und Optimierung des Preis-Leistungs-Verhältnisses. Mögliche Fragestellungen sind: Wie viel muss gerade gemacht werden, um die Auflagen zu erfüllen? Was ist die günstigste Email Lösung?
Das *Weniger* steht im Fokus.

wertsteigernde Projekte

In die wertsteigernde Kategorie fallen Aktivitäten, durch die die Einnahmen des Unternehmens erhöht werden sollen. Dies kann durch neue Produkte und Dienstleistungen oder durch effizientere Leistungserstellung geschehen. Der Innovationsgrad ist in diesen Fällen meist mittel bis gering, da das Unternehmen in einem bekannten Markt agiert. Bei den wertsteigernden Projekten geht es um Markterweiterung, neue Kunden, neue Produkte und höhere Margen.
Hier steht das *Mehr* im Zentrum.

unternehmensverändernde Projekte

Um das Bestehen des Unternehmens nachhaltig zu sichern, müssen diese Innovationen erstellen. Anderenfalls können sie ihre Wettbewerbsvorteile nicht langfristig sichern [21]. Innovationen führen nicht nur zu neuen Produkten und Dienstleistungen, sie verändern auch das Unternehmen. Unternehmensverändernde Initiativen zielen auf Chancen in der Zukunft ab. Sie sind mit einem hohen Innovationsgrad verbunden. Gleichzeitig weisen sie eine hohe Unsicherheit auf. Unternehmensverändernde Initiativen haben den längsten Betrachtungshorizont.
Hier geht es darum, *Neues* zu liefern und *Erster* zu sein.

3. Vorgehensmodell

Mit dieser Einteilung ist die Zuverlässigkeit der Business Case Berechnung verbunden. Business Cases stellen Prognosen über die Zukunft auf, die mit zunehmendem Zeithorizont und Innovationsgrad des Projekts ungenauer werden. Die Bewertung mittels Business Case eines unternehmensverändernden Projektes weist somit tendenziell eine geringer Zuverlässigkeit auf, als dies bei einem werterhaltenden Projekt der Fall ist.

Es ist jedoch unabdingbar, dass Unternehmen Projekte aller drei Kategorien durchführen. Werterhaltende Projekte stellen die Basis für den Bestand des Unternehmens dar. Wertsteigernde Projekte ermöglichen über die Erhöhung der Einnahmen das Wachstum des Unternehmens. Unternehmensverändernde Projekte hingegen erbringen Innovationen, die Wettbewerbsvorteile in der Zukunft sichern.

Kennzahlen

Jede der drei vorgestellten Kategorien verfolgt spezifische Ziele. Für eine Bewertung der Projekte ist es notwendig, deren Zielerreichungsgrad festzustellen. In der Informatik haben sich seit den 1970er Jahren hierzu die Definition und Prüfung von Kennzahlen etabliert. Kütz definiert Kennzahlen wie folgt: „Kennzahlen erfassen Sachverhalte quantitativ und in konzentrierter Form" [20]. Unter quantitativ wird verstanden, dass der Sachverhalt mittels einer Skala gemessen werden kann. Hierdurch soll eine möglichst grosse Genauigkeit und Aussagekraft erreicht werden.

Es sollte für einen Sachverhalt stellvertretend nicht nur eine Kennzahl zum Einsatz kommen. Auf Grund der konzentrierten Form der Kennzahl kann sie zu Fehlinterpretationen führen. Darum sollte mit Hilfe von mehreren Kennzahlen eine Mehrdeutigkeit vermieden werden. Zudem muss für die Interpretation der Kennzahl diese in Relation gesetzt werden. Dies verdeutlicht folgendes Beispiel: An der reinen Angabe der Software Lizenzkosten pro Arbeitsplatz kann nicht abgelesen werden, ob es sich um einen hohen oder einen niedrigen Wert handelt. Diese Angabe muss in einen Kontext z.B. Grösse des Unternehmens, Branche, etc. gesetzt und verglichen werden.

Bei der Definition von Kennzahlen kann jedes Unternehmen grundsätzlich seine eigenen Kennzahlen definieren, oder auf die Literatur zurückgreifen. So stellt Kütz eine umfassende Zusammenstellung von IT-Kennzahlen auf [20]. Aus dieser Zusammenstellung lässt sich erkennen, dass IT-Kennzahlen auf die Feststellung der Leistungserbringung der internen IT limitiert sind. Für die zuvor beschriebene Kategorisierung der Projekte bedeutet dies, dass die IT-Kennzahlen nur begrenzt für die Projekteinteilung verwendet werden können. So eignen sich die im IT Intrastructure Library (ITIL) Rahmenwerk für Service-Management vorgestellten Kennzahlen für die Beurteilung von werterhaltenden Projekten. Sie geben jedoch keinen Hinweis zur Beurteilung der Projekte der Kategorie wertsteigernd oder unternehmensverändernd.
Beispiele für werterhaltende Kennzahlen des ITIL Rahmenwerks sind in Tabelle 3.1 dargestellt.

Kategorie	Kennzahlen
werterhaltend	Reduktion von Zeit / Aufwand / Kosten
	Durchschnittliche Lizenzkosten pro Benutzer
	Verhältnis von genutzten und gekauften Lizenzen
	Anteil von Wartungskosten und Lizenzgebühren am Budget
	Durchschnittliche Kosten pro Incident
	Durchschnittliche Kosten pro Service Request

Tabelle 3.1: Kennzahlen nach ITIL 2007

Für die Definition von wertsteigernden und unternehmensverändernden Kennzahlen muss der Endkunde, der die Leistungen des Unternehmens bezieht, sowie das Unternehmen selbst in die Betrachtung miteinbezogen werden. Kaplan und Norton bieten hierzu Beispiele [18]. Alternativ können selbstverständlich eigene Kennzahlen definiert werden. Beispiele für wertsteigernde und unternehmensverändernde

3. Vorgehensmodell

Kennzahlen finden sich in Tabelle 3.2.

Kategorie	Kennzahlen
wertsteigernd	Anzahl neuer Kunden
	Anzahl neuer Produkte und Dienstleistungen
	Höhe Umsatz pro Kunde
	Umsatz pro Vertriebskanal
	Anzahl neuer Vertriebskanäle
unternehmens-verändernd	Neues Kundensegment
	Neues Produktsegment
	Neues Vertriebsmodell
	Neues Geschäftsmodell

Tabelle 3.2: Kennzahlen für wertsteigernde und unternehmensverändernde Projekte

Nach Wedgewood [23] sowie Ward und Daniel [30] lässt sich die Nutzenquantifizierung nach ihrer Offensichtlichkeit unterscheiden (erkennbar, messbar, quantifizierbar, finanziell). Abbildung 3.4 zeigt dies grafisch. Der erkennbare Nutzen ist am leichtesten zu identifizieren, der finanzielle Nutzen am schwierigsten.

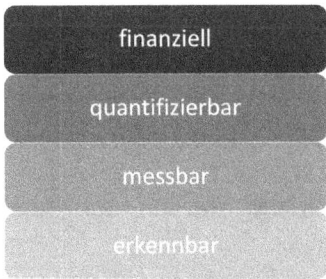

Abbildung 3.4: Arten der Nutzenquantifizierung

- **Erkennbarer** Nutzen kann nicht objektiv gemessen werden. Es wird individuell entschieden, ob und in welchem Mass der Nutzen eingetreten ist. Beispiele für erkennbarer

Nutzen sind erhöhte Kundenzufriedenheit, erhöhte Mitarbeiterloyalität oder positive Markenwahrnehmung.
- Der Nutzen kann zwar **gemessen** werden, jedoch kann nicht vorausgesagt werden, welchen Wertbeitrag die Veränderung mit sich bringt. Messergebnisse während der Projektdurchführung können am Projektende für einen Soll-Ist-Vergleich verwendet werden. Somit kann messbarer Nutzen zur Verbesserung der Schätzgenauigkeit zukünftiger Projekte beitragen. Beispiel für messbarer Nutzen ist die Erhöhung der Anzahl der Website Besucher nach einem Marketingevent.
- Der Nutzen ist **quantifizierbar** wenn der zu erwartende Wertbeitrag vorausgesagt werden kann, z.B. erhöhter Bestelleingang auf Grund von Rabattwochen.
- Der Nutzen kann **finanziell** nachgewiesen werden, sei es in der Reduzierung der Kosten oder Erhöhung der Einnahmen. Als Beispiel sei hier die Reduzierung der Betriebskosten auf Grund neuer Hardware genannt.

Zur Bewertung eines möglichen Projektkandidaten sollten möglichst viele Nutzenargumente finanziell belegt werden. Ward und Daniel [30] sowie Hunter und Westerman [15] beschreiben hierzu Werkzeuge, um Nutzenargumente besser d.h. möglichst finanziell quantifizieren zu können:

In Form eines **Piloten** werden geplante Anpassungen in kleinem Rahmen durchgeführt und die Auswirkungen detailliert gemessen. Durch einen Vergleich der gesammelten Daten mit einer Vergleichsgruppe können die finanziellen Auswirkungen des Projekts bestimmt werden.

Mittels **Benchmarking** werden die eigenen Prozesse mit anderen Unternehmen verglichen (externes Benchmarking). Schneiden die eigenen Prozesse schlechter ab, so kann dies als Indiz für Verbesserungspotential betrachtet werden. Liegen keine externen Daten vor, so kann der Vergleich mit eigenen Daten aus der Vergangenheit erfolgen (internes Benchmarking).

Falls keine externen Daten vorliegen, können Daten aus früheren, vergleichbaren Projekten verwendet werden. Diese Daten können meist durch **Referenzen** von externen Lieferanten bezogen werden.

Mit Hilfe von **Modellen** (z.B. Finanzmodellen) und Variation der Eingabedaten können Effekte vorhergesagt werden.

A.3: Involvieren der beteiligten Personen

Ob die geplanten Ziele durch die Veränderungen erreicht werden können, hängt sehr stark von den betroffenen Personen (Stakeholdern) ab. Deren persönliche Einstellung entscheidet darüber, mit welchem Aufwand neue Prozesse implementiert werden können. Aus diesem Grund sollte ein strukturiertes Stakeholder Management betrieben werden. In Abschnitt 3.2 wird genauer auf die Projektbegleitung und Stakeholder Management eingegangen.

Das Vorgehensmodell berücksichtigt den Einbezug der Stakeholder, in dem in den Projektphasen Initialisierung und Durchführung Mitarbeiter einbezogen werden. In der Initialisierungsphase wird die Strategiekarte in Zusammenarbeit mit dem oberen Management erstellt. Aus den Elementen der Strategiekarte lassen sich die Stakeholder und ihre jeweiligen Interessen ableiten. Mit Hilfe von Stakeholder Management Methoden kann daraufhin gezielt auf diese Einfluss genommen werden. Zudem sind wir der Meinung, dass sich die Strategiekarte hervorragend als Kommunikationsinstrument eignet. Sie visualisiert die Projektziele in dem sie den Zusammenhang zu den Herausforderungen des Unternehmens herstellt.

A.4: Effektive und effiziente Projektdurchführung

Das Vorgehensmodell fokussiert auf die Ausrichtung der IT Projekte auf die Herausforderungen des Unternehmens. Für eine effektive und effiziente Projektdurchführung setzt es jedoch keine spezifische Methode voraus. Es können die Projektdurchführungsmethoden angewandt werden, mit denen das jeweilige Unternehmen die beste Erfahrung gesammelt hat.

Existieren keine Vorgaben so kann zur Auswahl eine Übersicht und Vergleich von Projektdurchführungsmethoden dienen. Avison und Fitzgerald bieten einen Umfassende

Zusammenstellung zahlreicher Methoden [5]. Als weitere, speziell in der Softwareentwicklung eingesetzte Methoden, seien die folgenden genannt:

- Objekt Orientierte Analyse (OOA)
- Rational Unified Process (RUP)
- Extreme Programming (XP)
- Scrum
- Wasserfallmodell
- V-Modell XP

A.5: Kontinuierliche Verbesserung

Die Anforderung des kontinuierlichen Verbesserns wird durch die Aktivitäten der Abschlussphase der Projektdurchführung erfüllt (siehe nächsten Abschnitt 3.2) Stetige Verbesserungen werden durch das Vorgehensmodell im Bereich der Business Case Erstellung adressiert. Während der Projektdurchführung werden die dem Business Case zugrunde liegenden Annahmen und Daten in regelmässigen Abständen ermittelt. Falls eine Anpassung der Randbedingungen wie Zeit, Budget und Qualität (Funktionen) notwendig ist, so muss der Business Case erneut berechnet werden. Nach Abschluss des Projekts wird geprüft, ob die prognostizierten Effekte eingetreten sind. Die anschliessende Analyse möglicher Abweichungen liefert wertvolle Erkenntnisse, die in die Business Case Erstellung weiterer Projekte einfliessen.
Der Zeitpunkt der Prüfung der Projektergebnisse muss nicht mit dem Projektende zusammenfallen. Meist stellt sich der Nutzen eines Projekts erst nach einiger Zeit nach dessen Abschluss ein [9]. Da nicht genau bestimmt werden kann, wann dieser Zeitpunkt eingetreten ist, sollte die Prüfung des Business Cases in regelmässigen, zeitlichen Abständen erfolgen [30]. Eine jährliche Prüfung bis zu drei Jahren nach Projektabschluss erscheint uns als zweckmässig. Durch diese Prüfung wird die Genauigkeit zukünftiger Prognosen erhöht.

3. Vorgehensmodell

A.6: Strukturiertes, phasenorientiertes Vorgehen

Das Vorgehensmodell unterstützt ein strukturiertes Vorgehen durch die Einteilung des Projektverlaufs in die Phasen *Initialisierung*, *Umsetzung*, *Begleitung* und *Abschluss* (siehe Tabelle 3.3).

Phase	Elemente
Initialisierung	Planung
	Bewertung
Umsetzung	Prozesse implementieren
	Systeme in Betrieb nehmen
Abschluss	Projekt Abschlussbericht
	Soll-Ist-Vergleich
	Lessons Learned
Begleitung	Change Management
	Stakeholder Management
	Projekt Controlling

Tabelle 3.3: Phasen und Elemente einer generischen Projektmethode

In der **Initialisierungsphase** des Vorgehensmodells werden Herausforderungen, Ziele und Initiativen, Prozesse und Voraussetzungen erarbeitet. Weiter werden Indikatoren definiert, die der Projektkontrolle dienen. Unter Indikatoren werden Merkmale verstanden, die das Eintreten eines Zustands deutlich machen. Dazu zählen Kennzahlen aber auch Beobachtungen. Aus den Arbeiten der Initialisierungsphase ergibt sich die Strategiekarte. Der grösste Beitrag des Vorgehensmodells findet in der Initialisierungsphase durch die Erstellung der Strategiekarte statt. In Abschnitt 3.3 wird auf die Aktivitäten der Initialisierungsphase detailliert eingegangen.

In der **Umsetzungsphase** findet die eigentliche Projektdurchführung statt. Dazu gehören die Einführung und

Anpassung der Prozesse als auch die Schaffung notwendiger Voraussetzungen. Hier kommen die Projektmanagement und Entwicklungsmethoden wie PRINCE2 (Projects in controlled environments, version 2), Scrum u.a. zum Einsatz.

Die **Projektbegleitung** des Vorgehensmodells beinhaltet neben der Kontrolle und Überwachung der Umsetzung, zusätzlich Kontrolltätigkeiten der Initialisierung- und Abschlussphase. Somit erstreckt sich die Projektbegleitung über die gesamte Projektlaufzeit.
Die Projekte werden periodisch anhand den in der Initialisierungsphase definierten Indikatoren geprüft. Falls eine bedeutende Abweichung der Indikatoren von den ursprünglichen Planwerten festgestellt wird, so muss die Investitionsrechnung des Business Cases erneut durchgeführt werden.
Ebenfalls fällt der Projektbegleitung die Aufgabe des Change- und Stakeholder Managements zu. Unter Stakeholder Management wird das aktive Beeinflussen der Erwartungen an ein Projekt verstanden. Dabei werden die durch das Projekt betroffenen Personen oder Gruppen (Stakeholder) identifiziert und ihre Erwartungshaltung gegenüber dem Projekt ermittelt. Insbesondere wird untersucht, welche negativen als auch positiven Auswirkungen die durch das Projekt verursachte Änderungen für die Stakeholder mit sich bringt. Ziel des Stakeholder Management ist es, möglichst negative Erwartungen zu reduzieren und aktive Mitarbeit zu fördern.
Stakeholder Management unterscheidet sich vom Change Management in der Fokussierung auf die betroffenen Personen. Change Management berücksichtigt ebenfalls die individuelle Auswirkungen der Veränderung, geht aber darüber hinaus, indem es die Implementierung der Veränderung berücksichtigt. In diesem Sinne besitzen beide sowohl unterschiedliche als auch gemeinsame Elemente. Prosci versteht unter Change Management die Prozesse, Werkzeuge und Techniken, um die Perspektive der Mitarbeiter bezogen auf die Veränderung einzunehmen, mit dem Ziel, ein angestrebtes Ergebnis zu erreichen [6].

3. Vorgehensmodell

Die aktive Beeinflussung der persönlichen Einstellung der Stakeholder erfordert eine systematische Vorgehensweise. Nach Colella müssen hierzu Stakeholder identifiziert und segmentiert werden. In Abhängigkeit der Gruppenzugehörigkeit muss die Kommunikation angepasst werden [13]. Die relevanten Stakeholder werden dabei über die folgende Fragestellungen identifiziert.

- Wer ist *zuständig*, damit etwas getan wird?
- Wer ist *verantwortlich* für das Ergebnis?
- Wer muss *beratend* hinzugezogen werden?
- Wer muss über den Fortschritt *informiert* werden?

Sind die Stakeholder identifiziert, so sollte ihre persönliche Einstellung gegenüber der Veränderung ermittelt werden. Unterstützen sie das Vorhaben oder besitzen sie Vorbehalte? Als weiteres Unterscheidungskriterium dient der Einfluss der Stakeholder. In welchem Masse können sie auf das Projekt Einfluss nehmen? Aus dieser Einteilung lassen sich die Stakeholder den Gruppen *schwache* und *einflussreiche Gegner*, sowie *schwache* und *einflussreiche Unterstützer* zuordnen (siehe Abbildung 3.5).

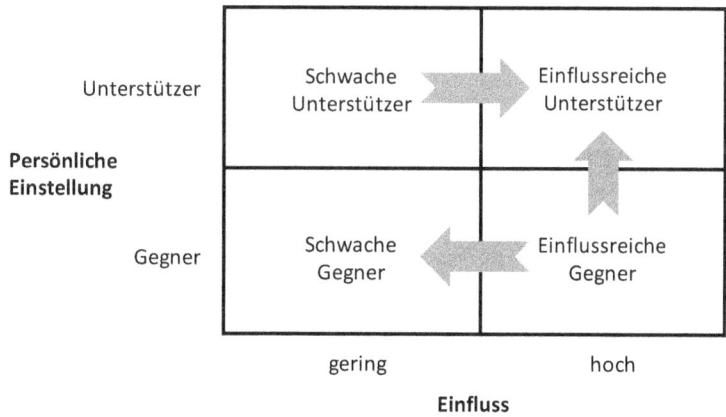

Abbildung 3.5: Stakeholdergruppen

Der Gruppe der einflussreichen Gegner sollte besondere

Aufmerksamkeit geschenkt werden. Sie können die Durchführung des Projekts am meisten gefährden. Folglich sollte ihre Anzahl reduziert werden, in dem sie mit geeigneten Mitteln zu schwachen Gegnern oder einflussreichen Unterstützern gemacht werden [12].
Dies kann zum Beispiel geschehen, indem einflussreiche, aber überzeugbare Gegner in das Projektteam miteinbezogen werden. So können sie auf Entscheidungen Einfluss nehmen, müssen aber Entscheidungen des Teams mittragen. Sie können mit Projektaufgaben betraut werden, die zwar notwendig sind aber dem Projekt nicht schaden [12].
Das Potential der Gruppe der schwachen Unterstützer kann ebenfalls genutzt werden. Indem man sie mit einflussreichen Unterstützern zusammenbringt, können sie von diesen lernen und ihren Einfluss erhöhen. Zudem sollten sie für andere merkbar belohnt werden. Dadurch wird offensichtlich, zu welchen Vorteilen die Unterstützung des Projekts führen [12].

Das Vorgehensmodell adressiert in der **Abschlussphase** die Anforderung des organisationellen Lernens. Zusätzlich zum Abschlussbericht, der den Grad der Zielerreichung beurteilt, werden die während der Projektdurchführung gewonnen Daten ausgewertet, interpretiert und mit vorangegangenen Projekten verglichen. Daraus können Erkenntnisse zur Verbesserungen der Anwendung des Vorgehensmodells abgeleitet werden.

3.3 Modellanwendung

In den folgenden Unterabschnitten wird auf die Aktivitäten der Initialisierungsphase eingegangen. Es wird beschrieben, welche Schritte zur Identifizierung und Quantifizierung des Nutzens notwendig sind. Es werden Werkzeuge und deren Anwendung erläutert.

3.3.1 Schritt 1: Herausforderungen und Strategie ermitteln

Ausgangspunkt des Vorgehensmodells sind die Herausforderungen und die Strategie des Unternehmens. An dieser richten sich alle Massnahmen aus.

Falls die Unternehmensstrategie nicht bekannt ist, so muss sie ermittelt werden. Dies kann z.B. durch Befragung der Geschäftsleitung und durch Untersuchung von Pressemitteilungen geschehen. Ebenfalls lassen Handlungen wie Firmenübernahmen, Produktlancierungen, Stellenausschreibungen und ähnliches Rückschlüsse auf die Unternehmensstrategie zu [15].

Liegen hingegen konkrete Herausforderungen vor, so können Methoden zur Umwelt- und Unternehmensanalyse verwendet werden. So kann z.B. zur Umweltanalyse Porters Five Forces Modell angewendet werden (siehe auch Abschnitt 3.1). Ebenfalls liefert der Vergleich des eigenen Unternehmens mit der Konkurrenz wertvolle Erkenntnisse über die Herausforderungen. Eine Stakeholderanalyse kann durchgeführt werden, wenn der Einfluss von Stakeholdern auf das Unternehmen sehr gross ist. Johnson und Scholes unterteilen hierzu Stakeholder in die Dimensionen „Ausmass Interesse am Unternehmen" sowie „Ausmass der Macht" [17].

3. Vorgehensmodell

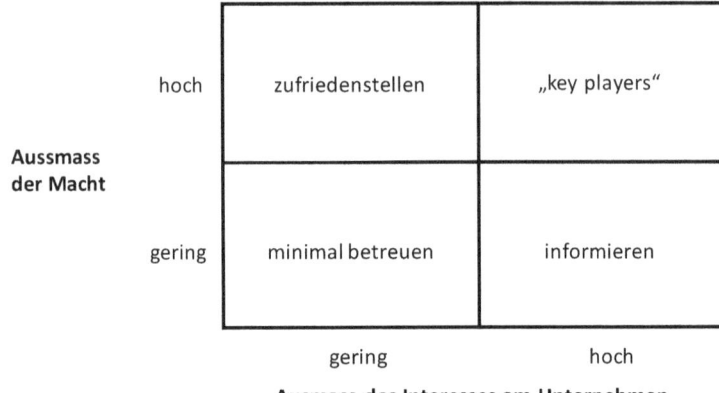

Abbildung 3.6: Die Bedeutung der Stakeholder nach Johnson und Scholes

Im Bereich der Unternehmensanalyse eignet sich die Wertkettenanalyse, falls die Herausforderungen in den unternehmensinternen Prozessen vermutet werden. Verfügt das betrachtete Unternehmen hingegen über besondere Ressourcen und Fähigkeiten, so können entsprechende Analysemethoden wie die Analyse der Kernkompetenzen, die Ressourcen- und Fähigkeitsanalyse als auch die Analyse der Strategischen Erfolgspositionen zum Einsatz kommen [21].

Das Vorgehensmodell schreibt jedoch keine bestimmte Analysemethode vor. Eine Übersicht der genannten Methoden liefert Tabelle 3.4. Abplanalp und Lombriser schildern weitere Analysemethoden [21].

3. Vorgehensmodell

Gegenstand	Methode
Umwelt	PEST-Analyse
	Five Forces (Porter)
	Konkurrenzanalyse
	Stakeholderanalyse
Unternehmen	Wertkettenanalyse
	Ressourcen-/Fähigkeits-Analyse
	Strategische Erfolgspositionen (Pümpin)
	Kernkompetenzen

Tabelle 3.4: Umwelt- und Unternehmensanalyse

Für die Veranschaulichung der Ermittlung der Herausforderungen wird im folgenden beispielhaft die Konkurrenzanalyse beschrieben. Diese lehnt sich an Pümpin [28] sowie Ward und Daniel an [30].
Es werden hierzu drei bis fünf Kriterien definiert, anhand derer das Unternehmen mit der Konkurrenz verglichen wird. Dies kann grafisch über eine Kompetenzkarte erfolgen (siehe Abbildung 3.7). Die Kompetenzen entsprechen dabei Geraden, die von einem gemeinsamen Ursprung ausgehen. Am Ursprung befindet sich der Nullpunkt. Je weiter sich das zu beurteilende Unternehmen vom Nullpunkt entfernt befindet, desto besser erfüllt es die Kompetenz. Die Konkurrenz als Durchschnitt wird in der Mitte der Geraden platziert. Anschliessend wird das Unternehmen anhand der Kompetenzen auf den Geraden verortet. Befindet es sich dabei im inneren Kreis, so erfüllt es die Kompetenz schlechter als ihre Konkurrenz. Befindet es sich hingegen im äusseren Kreis, so schneidet es in der Bewertung der jeweiligen Kompetenz besser ab.

Praktisch kann der Konkurrenzvergleich in Form von Workshops erfolgen. Die Geschäftsleitungsmitglieder und Fachbereichsleiter schätzen gemeinsam ab, in wie weit das Unternehmen Kompetenzen im Vergleich zur Konkurrenz besitzt. Entscheidend bei der Ermittlung der Herausforderungen ist, dass diese in Zusammenarbeit durchgeführt wird. Die beteiligten Personen müssen eine gemeinsame Sicht auf die Herausforderungen des Unternehmens haben. Nur so ist sichergestellt, dass alle die gleichen Ziele verfolgen.

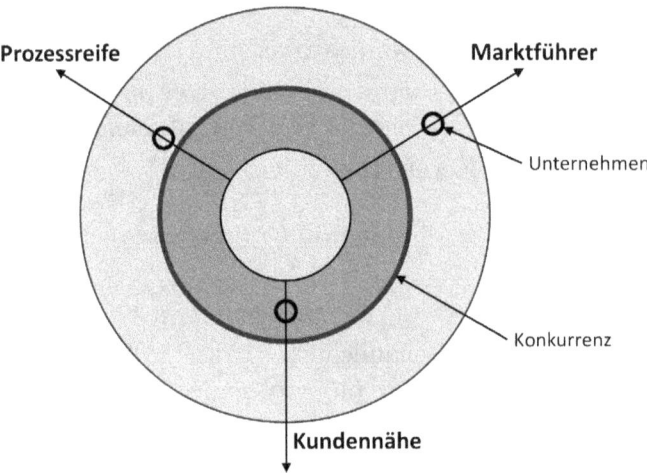

Abbildung 3.7: Kompetenzvergleich mit der Konkurrenz, in Anlehnung an Ward und Daniel

3.3.2 Schritt 2: Strategiekarte erstellen

Sobald die Herausforderungen ermittelt sind, lässt sich die Strategiekarte entwickeln. Die Entwicklung der Strategiekarte erfolgt in mehreren Zyklen.
Im ersten Zyklus wird die Struktur der Karte definiert. Aus den zuvor ermittelten Herausforderungen werden die Ziele, Prozesse und Voraussetzungen erarbeitet. Die Ziele sollten dabei so definiert werden, dass sie erreichbar sind und die Herausforderungen adressieren. Ein Ziel kann sich durchaus auf mehrere Herausforderungen gleichzeitig beziehen. Die Qualität der Zielformulierung kann mit Hilfe der SMART Kriterien (siehe Glossar) geprüft und ggf. verbessert werden.
Auf Ebene Prozesse lassen sich die Elemente durch die Fragestellung identifizieren, was muss getan werden, damit die

Ziele erreicht werden können? Sobald die Prozesse definiert sind, so kann auf der Ebene Voraussetzungen die Frage beantwortet werden, was notwendig ist, damit die Prozesse ausgeführt werden können? Wie können die Prozesse unterstützt werden?

Im zweiten Zyklus werden Indikatoren für die Elemente der beiden Ebenen Prozesse und Ziele definiert. Die Indikatoren sind so zu wählen, dass sie erkennen lassen, wann der gewünschte Zustand eingetreten ist.
Im dritten Zyklus schliesslich werden Verantwortlichkeiten zugeordnet d.h. eine Person ist für das Eintreten des entsprechenden Zustands verantwortlich. Dies bedeutet nicht, dass diese Person selbst die Umsetzung durchführen muss. Sie ist jedoch für das Erreichen des Zustands verantwortlich. Typischerweise decken sich die Verantwortlichkeiten bereits mit den entsprechenden Aufgaben der zugeordneten Personen. So ist z.B. der Verkaufsleiter für die Erreichung des Ziels *Verständliche Produkte* verantwortlich. Zusätzlich werden die Personen(-gruppen) identifiziert, die von den Veränderungen betroffen sein werden. Sei dies in dem sie neue Arbeitsabläufe durchführen müssen, oder indem ihnen Arbeitsschritte abgenommen werden.

3.3.3 Schritt 3: Projekt bewerten

Nachdem die Voraussetzungen und damit die IT-Projekte durch die Strategiekarte ermittelt wurden, muss deren potentieller Wertbeitrag berechnet werden. Die Bewertung der einzelnen IT-Projekte erfolgt in mehreren Schritten. Als erstes wird für jedes Projekt ermittelt, ob es sich dabei um ein Projekt mit einem werterhaltenden, wertvermehrenden oder unternehmensverändernden Ziel handelt (siehe hierzu auch Abschnitt 3.2). Die Zuordnung der Projekte kann anschliessend grafisch verdeutlicht werden. Abbildung 3.8 zeigt ein solches Projektportfolio.

3. Vorgehensmodell

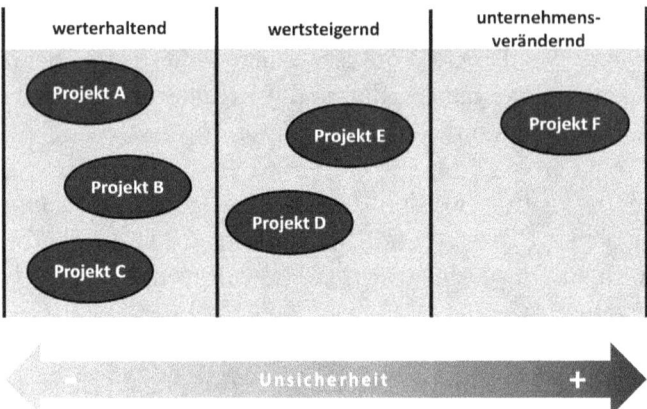

Abbildung 3.8: Projektportfolio

Auf Grund des nun vorliegenden Projektportfolios lässt sich bereits abschätzen, in wie weit der Nutzen quantifizierbar ist. Typischerweise gestaltet sich diese Aufgabe für unternehmensverändernde Projekte im Vergleich zu werterhaltenden Projekte schwieriger, da sie über eine grosse Unsicherheit sowie einen langen Betrachtungszeitraum verfügen.

Für alle Projekte jeder Kategorie werden Nutzenargumente erarbeitet. Daran lässt sich erkennen, ob der Nutzen direkt messbar ist oder ob es sich um einen indirekten Nutzen handelt. Letztlich wird versucht, möglichst viele Nutzenargumente finanziell auszudrücken. Hierzu hilft das in Abschnitt 3.2 vorgestellte Klassifizierungsschema. Mit Hilfe der besprochenen Werkzeuge (Pilot, Benchmarking, Referenz, Simulation) kann der Nutzen quantifiziert werden (Abbildung 3.9) Die Auswahl des entsprechenden Werkzeugs unterscheidet sich von Projekt zu Projekt und muss fallbasiert getroffen werden.

3. Vorgehensmodell

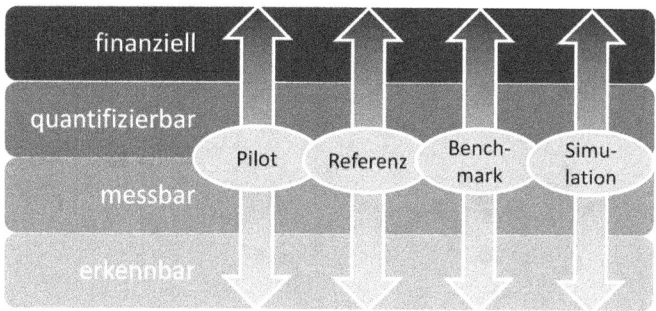

Abbildung 3.9: Nutzenquantifizierung und Werkzeuge, in Anlehnung an Ward und Daniel

Die Quantifizierung des Nutzens liefert die notwendigen Zahlen für die nachfolgende Projektbewertung. In dieser werden die prognostizierten Kosten (Projekt- und Betriebskosten) den zukünftigen Einnahmen (Zusatzeinnahmen, Reduzierung der Kosten) gegenübergestellt. Im folgenden Abschnitt wird das Vorgehensmodell einschliesslich Projektbewertung an einem fiktiven Fallbeispiel praktisch erläutert.

Kapitel 4

Fallbeispiel Allgemeine Schweizer Krankenversicherung

Im Folgenden wird an Hand eines fiktiven Fallbeispiels die praktische Anwendung des Vorgehensmodells erläutert.

Bei der Allgemeinen Schweizer Krankenversicherung (ASK) handelt es sich um eine der grössten Krankenversicherung der Schweiz. In den vergangenen Jahren sind die Einnahmen der ASK stetig zurück gegangen während gleichzeitig die Kosten kontinuierlich zunahmen. Um diesem Trend entgegenzuwirken hat die ASK eine Arbeitsgruppe bestehend aus Mitgliedern des oberen Managements ins Leben gerufen, die die Ursachen der Entwicklung beleuchten soll. Eine erste Analyse ergab, dass die ASK **immer weniger Kunden** ausweisen kann. Zwar erzielt die ASK einen grösseren Umsatz pro Kunde als ihre Konkurrenz, jedoch weist sie gleichzeitig **höhere Prozesskosten** aus, die die Mehreinnahmen überkompensieren. Der direkte Angebotsvergleich der ASK mit anderen Krankenkassen zeigte ebenfalls, dass sie über **wenig sich ergänzende Produkte** verfügt. Somit ist sie nicht wie ihre Konkurrenz in der Lage, aufeinander abgestimmte Produkt-Bundles anzubieten. Gleichzeitig werden ihre Versicherungsprodukte als **kompliziert** und wenig verständlich wahrgenommen. Dieses Bild wurde zudem von den Verkaufsagenten auf Grund des **hohen Beratungsaufwands** bestätigt. Für das regelmässig stattfindende Geschäftsleitungstreffen hat die Arbeitsgruppe das Analyseergebnis grafisch zusammengestellt und präsentiert (siehe Abbildung 4.1).

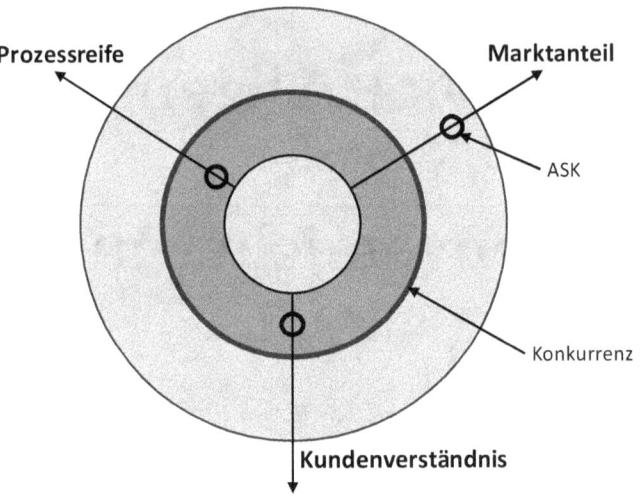

Abbildung 4.1: Kompetenzvergleich der ASK mit der Konkurrenz

4.1 Herausforderungen

Auf Grund den vorliegenden Erkenntnissen hat die Geschäftsleitung der ASK die Arbeitsgruppe beauftragt, Lösungen für die Herausforderungen zu erarbeiten.
Die Arbeitsgruppe ist daraufhin in Form eines Workshops der Frage nachgegangen, wie den vorliegenden Herausforderungen begegnet werden kann. Als Leitfaden für das Vorgehen diente die Struktur der Strategiekarte. Als Teilergebnis wurden drei Ziele definiert: Zur Verbesserung der internen Prozesskosten sollen die meisten manuellen, individuellen Prozesse durch standardisierte und **automatisierte Prozesse** ersetzt werden. Durch

Erschliessung weiterer Verkaufskanäle sollen Kunden gezielter und mit **verständlichen Produkten** einfacher angesprochen werden.

Im Anschluss der Zieldefinition musste die Frage beantwortet werden, auf welche Art und Weise die ASK diese Ziele erreichen kann. Der Bereichsleiter Verkauf konnte die Gruppe davon überzeugen, dass verständlichere Produkte eine **strukturierte Kundenanalyse** voraussetzt. Ebenso müssten die Verkaufsagenten durch eine bessere **Produktschulung unterstützt** werden. Nach Meinung eines teilnehmenden Produktmanagers müssten zudem die Kunden in die **Produktentwicklung** einbezogen werden. Nach anfänglichen Vorbehalten konnte er die Gruppe gemeinsam mit dem Entwicklungsleiter von seiner Meinung überzeugen. Dem Leiter Betrieb wurde ohne Vorbehalte zugestimmt, man müsse für automatisierte Prozesse erst einmal **dokumentierte und standardisierte Prozesse** schaffen.

Der Leiter der internen IT-Abteilung brachte das Argument ein, mit den neuen Arbeitsabläufen entstehen auch neue Anforderung. So müssen die Verkaufsagenten für eine strukturierte Kundenanalyse schneller und auf mehr Daten zugreifen können. Der Produktmanager ergänzte, dass eine integrierte Produktentwicklung ebenfalls auf Kundendaten zurückgreifen muss. Die Arbeitsgruppe einigte sich darauf, beide Anforderungen durch ein **Customer Relationship Management (CRM)** System zu adressieren. Im Verlauf des Workshops wurden weitere Anforderungen identifiziert, die durch entsprechende IT-Lösungen erfüllt werden können. So soll z.B. die Automatisierung der bestehenden Prozesse durch ein **Workflow Management System** unterstützt werden.

Bevor die Arbeitsgruppe am nächsten Tag erneut zusammenkommt, werden die identifizierten Elemente und ihre Beziehungen zueinander in Form einer Strategiekarte festgehalten (siehe Abbildung 4.2 sowie Tabelle 4.1).

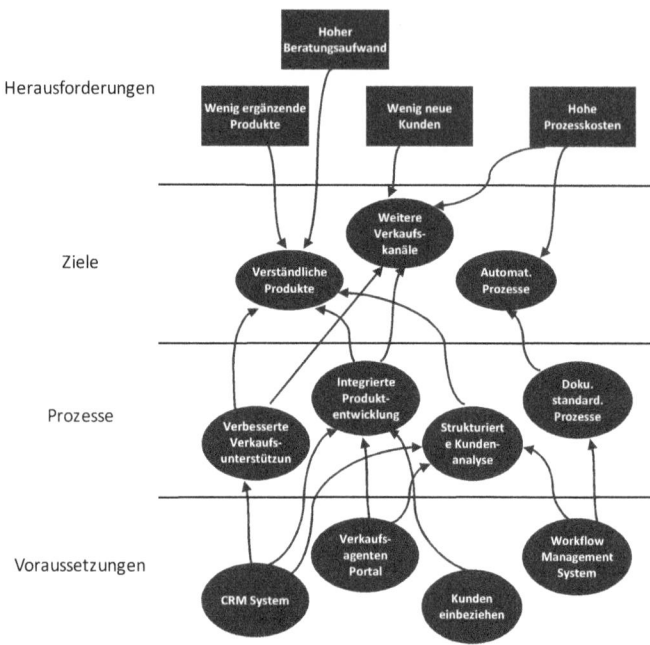

Abbildung 4.2: Strategiekarte der ASK

Ebene	Bestandteile
Ziele	verständliche Produkte weitere Verkaufskanäle automatisierte Prozesse
Prozesse	verbesserte Verkaufsunterstützung integrierte Produktentwicklung strukturierte Kundenanalyse dokumentierte, standardisierte Prozesse
Voraussetzungen	CRM System Verkaufsagenten Portal Kunden einbeziehen Workflow Management System

Tabelle 4.1: Ziele, Prozesse und Voraussetzungen der ASK

4. Fallbeispiel Allgemeine Schweizer Krankenversicherung

Am nachfolgenden Tag wirft der Leiter Betrieb in der Arbeitsgruppe die Frage auf, dass zwar nun die Ziele, Prozesse und Voraussetzungen bekannt sind. Doch woran wird erkannt, wann die Verbesserungen eingetreten sind? Daraufhin werden den **Zielen** *verständliche Produkte, weitere Verkaufskanäle* und *automatisierte Prozesse* die Indikatoren *Umsatz pro Kunde, Marktanteil* und *Prozesskosten* zugeordnet.

Auf Ebene **Prozesse** schlägt der Verkaufsleiter vor, die verbesserte Verkaufsunterstützung durch die Produktkenntnisse der Verkaufsagenten festzustellen. Ebenfalls ist er der Meinung, die Kundenanalyse könne durch den Detaillierungsgrad der Kundeninformationen festgestellt werden. Die Prozessreife (dokumentierte, standardisierte Prozesse) könne hingegen über den Anteil der automatisierten Prozesse an der Gesamtanzahl Prozesse festgestellt werden (siehe Abbildung 4.3).

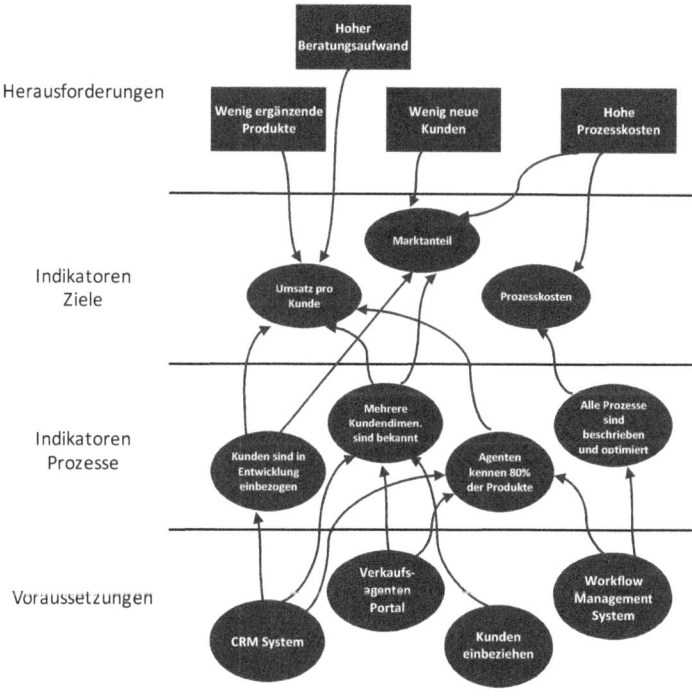

Abbildung 4.3: Strategiekarte der ASK mit Indikatoren

Gegen Ende des zweiten Tages stellt der IT-Leiter fest, dass nun zwar der Soll-Zustand skizziert ist, dieser jedoch auch umgesetzt werden muss. Daraufhin wird gemeinsam den einzelnen Elementen der Strategiekarte Verantwortlichkeiten zugeordnet. Der Verkaufsleiter und Verkaufsmanager übernehmen dazu alle Elemente mit Bezug Verkauf. Dem Betriebsleiter werden das Ziel *automatisierte Prozesse* einschliesslich *dokumentierte und standardisierte Prozesse* zugeordnet. Der Leiter der internen IT übernimmt die technischen Elemente wie *CRM System* und *Workflow Management System*. Zur Zusammenfassung der Verantwortlichkeiten wird die Struktur der bestehende Strategiekarte übernommen und die Personen zugeordnet (siehe Abbildung 4.4).

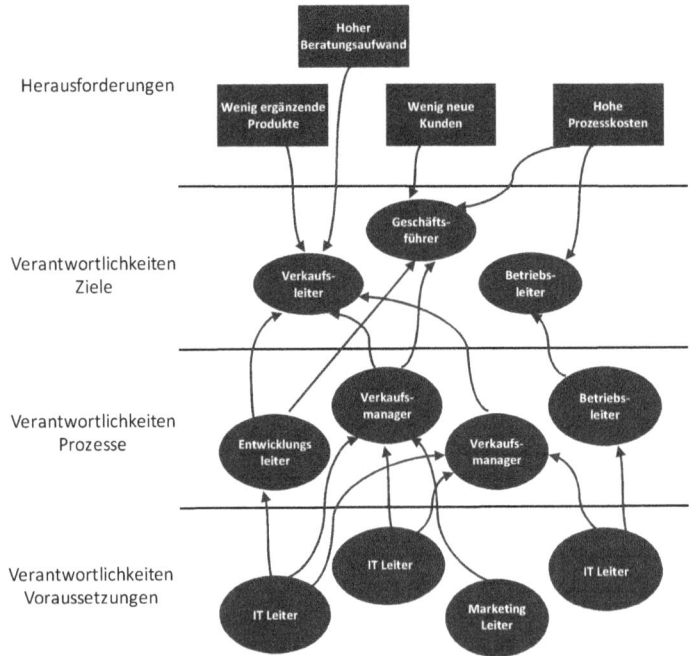

Abbildung 4.4: Strategiekarte der ASK mit Verantwortlichkeiten

Beim nächsten Geschäftsleitungstreffen präsentiert die

4. Fallbeispiel Allgemeine Schweizer Krankenversicherung 49

Arbeitsgruppe die Ergebnisse und mögliche Massnahmen. Da man die Anzahl gleichzeitiger Projekte begrenzen möchte, wird entschieden, die Einführung eines CRM Systems zu prüfen. Der Leiter der internen IT wird mit der Erstellung eines entsprechenden Business Case beauftragt. Gemeinsam mit einigen Mitgliedern der Arbeitsgruppe ermittelt er den potentiellen Nutzen, die damit verbundenen Kosten und erstellt daraus die Investitionsrechnung.

4.2 Nutzen

Aus der erstellten Strategiekarte werden auf Grund den eingezeichneten Beziehungen die Ziele des CRM Systems abgeleitet. Es sollen die Ziele *verständliche Produkte* sowie *weitere Verkaufskanäle* adressiert werden. Gemeinsam mit dem Verkaufsleiter überprüft er die im Workshop ermittelten Indikatoren (Umsatz pro Kunde, Marktanteil). Während der Umsatz pro Kunde im Unternehmen bereits gemessen wird, wird der Marktanteil indirekt über dessen Veränderung bestimmt. Hierzu dient die Höhe der Netto-Kundenzugänge d.h. die Anzahl neuer Kunden abzüglich der Anzahl an Kundenabgängen.

Um die Auswirkungen der CRM-Einführung auf den Kundenumsatz sowie Kundenzu-/abgänge quantifizieren zu können, befragt der IT-Leiter mehrere CRM Software Hersteller nach ihren Erfahrungen in der Versicherungsbranche. Nach ihren Aussagen hat sich nach der Systemeinführung der Umsatz pro Kunde im Durchschnitt um fünf Prozent erhöht. Der Kundenabgang konnte um 12 Prozent reduziert und gleichzeitig drei Prozent mehr Kunden gewonnen werden. Zusätzlich hat der IT-Leiter einen befreundeten Kollegen einer anderen, kleineren Krankenversicherung nach seinen Erfahrungen befragt. Dieser konnte zwar nicht die absoluten Zahlen bestätigen, jedoch auch eine Verbesserung in allen drei Angaben verzeichnen.

Nach diesen Angaben haben der IT-Leiter und der Verkaufsleiter gemeinsam die folgenden Nutzenpotentiale als realistisch betrachtet:

1. Erhöhung des Umsatzes pro Kunde um 4 Prozent
2. Reduzierung der Kundeabgänge um 10 Prozent
3. Erhöhung der Kundenzugänge um 2 Prozent

Auf Grund ihrer Erfahrung aus vergleichbaren Projekten gehen beide davon aus, dass die neuen Prozesse erst sechs Monate nach Projektende vollkommen gelebt werden und der prognostizierte Nutzen nach zwölf Monaten nach Abschluss eintreten wird.

Für die anschliessende Nutzenquantifizierung geht der IT-Leiter von der aktuellen Kundenanzahl sowie dem durchschnittlichen Umsatz pro Kunden aus. Das Ergebnis der Berechnung ist in Tabelle 4.5 dargestellt.

Umsatzerhöhung	
Ausgangslage	
Umsatz/Kunde/Jahr	4'000 CHF
Anzahl Kunden	1'200'000 CHF
Kundenabgänge/Jahr	4%
Umsatzrendite	22%
Nutzenpotentiale - Parameter	
Umsatzerhöhung/Kunde/Jahr	4%
Reduzierung Kundenabgänge	10%
Erhöhung Kundenanzahl	2%

Abbildung 4.5: Nutzenpotentiale: Beeinflussung des Kundenumsatzes sowie Kundenzu-/abgänge

Zudem führt die CRM-Einführung zu einer Reduzierung der laufenden Kosten der bestehenden IT-Systeme. Das alte Kundenverwaltungssystem kann durch das CRM-System ersetzt werden. Hierdurch können sowohl Kosten für Wartungsverträge (in Jahr zwei des Projekts) als auch Neuanschaffungen von Hardware (alle drei Jahre, ebenfalls im Jahr zwei des Projekts) vermieden werden.
Die zusammenfassende Übersicht der Kostenersparnisse sind in Tabelle 4.6 zu sehen.

Kostenvermeidung	
finanzieller Nutzen/Jahr	
Aufhebung Wartungsvertrag	30'000 CHF
finanzieller Nutzen/alle drei Jahre	
Vermeidung Hardwarekosten	40'000 CHF
Total	70'000 CHF

Abbildung 4.6: Kostenersparnisse durch neues CRM-System

4.3 Kosten

Zur Ermittlung der Kostenseite zieht der Leiter der internen IT erneut den Verkaufsleiter bei. Damit der Umsatz pro Kunde gesteigert werden kann, müssen die Produktkenntnisse der Verkaufsberater verbessert werden. Ebenfalls sollen 25 Prozent von ihnen durch einen Weiterbildungskurs ihre Verkaufsfähigkeiten verbessern. In diesem Zusammenhang soll mit Hilfe eines externen Beraters während 12 Monaten der generelle Verkaufsprozess betrachtet und optimiert werden. Um ein effizientes Arbeiten mit dem CRM System zu gewährleisten werden alle Verkaufsmitarbeiter eine eintägige, interne Schulung besuchen.

Um das Ziel *verständliche Produkte* zu erreichen, sollen Kundeninformationen in die Produktentwicklung einfliessen. Zusammen mit dem Leiter Produktentwicklung ermittelt der IT-Leiter die zu erwartenden Kosten. Für eine erfolgreiche Umsetzung wird ein weiterer externer Berater für den Zeitraum von acht Monaten für die Analyse und Optimierung des Entwicklungsprozesses benötigt. Ebenfalls müssen die Mitarbeiter Entwicklung lernen, die Kundendaten zu interpretieren und in die Entwicklung einfliessen zu lassen. Hierzu werden 50 Prozent der Entwicklungsmitarbeiter einen dreitägigen Kurs besuchen.

Auf Seite der internen IT verursacht die CRM-Einführung ebenfalls Kosten. Neben der eigentlichen Soft- und Hardwarebeschaffung müssen Wartungsverträge für diese abgeschlossen werden. Zusätzlich werden vier Mitarbeiter in der Verwaltung und Konfiguration der Software geschult. Zudem erwartet der IT-Leiter Konfigurationsanpassungen durch einen externen Spezialisten sowie Schnittstellenanpassungen über den Zeitraum von sechs Monaten.

Nach Ermittlung der Kostentreiber auf Seite der Fachabteilungen und der internen IT fasst der Informatik-Leiter die Kosten der Fachabteilung und Informatik tabellarisch zusammen (siehe Tabelle 4.7 und 4.8).

Parameter Kostentreiber	
einmalige Kosten	
Verkauf	
Anzahl Verkaufsmitarbeiter	100
Anzahl Verkaufsmitarbeiter Weiterbildung	25
Kosten Weiterbildung/Verkaufsmitarbeiter	3'000 CHF
Kosten CRM Anwenderschulung/Verkaufsmitarbeiter	500 CHF
Kosten externer Berater Verkauf/Monat	32'000 CHF
Einsatzdauer externer Berater Verkauf [Monat]	12
Entwicklung	
Anzahl Mitarbeiter Entwicklung	20
Anzahl Mitarbeiter Entwicklung Weiterbildung	200
Kosten Weiterbildung/Mitarbeiter Entwicklung	5'000 CHF
Kosten externer Berater Entwicklung/Monat	32'000 CHF
Einsatzdauer externer Berater Entwicklung [Monat]	8

Abbildung 4.7: Kostentreiber der Fachabteilungen

Parameter Kostentreiber	
einmalige Kosten	
Informatik	
Anzahl Mitarbeiter Informatik Schulung	4
Kosten Schulung/Mitarbeiter Informatik	3'000 CHF
Kosten externer Berater Konfiguration/Monat	32'000 CHF
Einsatzdauer externer Berater Konfiguration [Monat]	6
Kosten externer Berater Schnittstelle/Monat	32'000 CHF
Einsatzdauer externer Berater Schnittstelle [Monat]	6
Lizenzkosten Software	200'000 CHF
laufende Kosten	
Informatik	
Wartungsvertrag/jährlich	50'000 CHF
Hardwareanschaffung (alle drei Jahre)	50'000 CHF

Abbildung 4.8: Kostentreiber der Informatik

Um das zeitlichen Eintreten der Kosten und des Nutzens zu

4. Fallbeispiel Allgemeine Schweizer Krankenversicherung

ermitteln, erstellen der IT-Leiter und Leiter Verkauf einen groben Projektplan. Aus den vorausgegangenen Analysen leiten sie die Aktivitäten und Dauer ab (siehe Tabelle 4.2).

Aktivität	Dauer in Monaten
Installation Hard- und Software	3
Schulung IT-Mitarbeiter	1
Prozessanalyse und -optimierung Produktentwicklung	6
Prozessanalyse und -optimierung Verkauf	7
Konfiguration und Schnittstellenanpassung	7
Produktschulung Verkaufsmitarbiter	1
Weiterbildung Verkaufsmitarbiter	1
Integrationstest	2
CRM Anwenderschulung	1
Reduzierter Betrieb mit eingeschränkter Anwenderanzahl	2
Produktivsetzung	1

Tabelle 4.2: Projektaktivitäten und Dauer

Die Untersuchung der zeitlichen Abhängigkeiten der Aktivitäten führt zu einem Projektplan wie in Abbildung 4.9 gezeigt. Demzufolge ist mit einer gesamten Projektdauer von 18 Monaten zu rechnen.

4. Fallbeispiel Allgemeine Schweizer Krankenversicherung

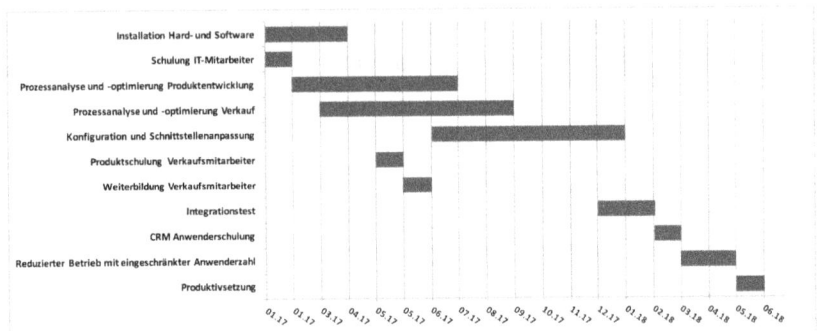

Abbildung 4.9: grober Projektplan CRM Einführung

Aus diesen Informationen ergänzt der IT-Leiter die Kostenaufstellung um die eigentlichen Projektdurchführungskosten. Er rechnet damit, dass ein Projektleiter über die gesamte Projektdauer benötigt wird. Zusätzlich braucht es jeweils zwei Personen zu 50 Prozent aus der Verkaufsabteilung, der Entwicklungsabteilung sowie IT-Abteilung. Für das Projektcontrolling und -verwaltung setzt die ASK generell 25 Prozent der Aufwände des Projektleiters an. Die Projektdurchführungskosten fasst er erneut tabellarisch zusammen (siehe Tabelle 4.10).

Parameter Kostentreiber	
einmalige Kosten	
Projektdurchführung	
Kosten Projektleiter/Monat	12'000 CHF
Stellenprozent Projektleiter	100%
Kosten Mitarbeiter Entwicklung	10'000 CHF
Stellenprozent Mitarbeiter Entwicklung	100%
Kosten Verkaufsmitarbeiter	12'000 CHF
Stellenprozent Verkaufsmitarbeiter	100%
Kosten Mitarbeiter Informatik	10'000 CHF
Stellenprozent Mitarbeiter Informatik	100%
Projektdurchführungsdauer	18
Zuschlag Projektcontrolling und -verwaltung	25%

Abbildung 4.10: Kostentreiber der Projektdurchführung

Mit diesen Untersuchungen hat der IT-Leiter alle Angaben

zusammen, um die Investitionsrechnung durchzuführen.

4.4 Investitionsrechnung

Um eine Vergleichbarkeit sicherzustellen, werden bei der ASK für alle Projekte die gleichen Rechenverfahren und Randbedingungen verwendet. Es kommen die dynamische Berechnungsverfahren Net Present Value (NPV) sowie Payback zum Einsatz. Die Betrachtungsperiode wird vom Unternehmen mit fünf Jahren vorgegeben, sowie ein Steuersatz von 20 Prozent. Die ASK lässt das Projektrisiko in die Investitionsrechnung einfliessen. Hierdurch ergibt sich ein Kalkulationszinsfuss von 10 Prozent. Die weiteren Randbedingungen wie Abschreibungsdauer und -art sind in Tabelle 4.11 zusammengefasst.

Randbedingungen	
Steuersatz	20%
Kalkulationszinsfuss	10%
Analysezeitraum	5 Jahre
Abschreibungsdauer	3 Jahre
Abschreibungsmethode	Linear
Zahlungszeitpunkt	Jahresende
Terminierung	Abruptes Ende

Abbildung 4.11: Randbedingungen der Investitionsrechung

Aus den zuvor ermittelten Kosten und Nutzen sowie dem groben Projektplan ist der IT-Leiter nun in der Lage, das zeitlichen Eintreten der Kosten und des Nutzens zu bestimmen. Während durch die CRM Einführung auf der Fachseite ausschliesslich einmalige Kosten anfallen (siehe Tabelle 4.12), und zwar über die gesamte Projektdauer, fallen auf der Seite der internen Informatik zusätzliche Betriebskosten d.h. laufende Kosten an, bedingt durch den neuen Wartungsvertrag für das CRM System (siehe Tabelle 4.13). Zwar können diese durch Abschalten des bisherigen Kundenverwaltungssystems reduziert jedoch nicht vollständig kompensiert werden (Tabelle 4.14). In der Berechnung des Nutzens in Tabelle 4.15 wird ferner deutlich, dass wie in Abschnitt 4.2 beschrieben, erst nach einem Jahr nach Projektende der erhoffte Nutzen (Erhöhung

4. Fallbeispiel Allgemeine Schweizer Krankenversicherung

Netto-Kundenzugänge, Erhöhung Umsatz pro Kunde) eintreten wird. Während somit die Projektkosten die gesamte Projektlaufzeit anfallen, fällt der Nutzen erst verzögert d.h. nach Projektende an.

Investitionskosten (Fachabteilungen)	Jahr 0	Jahr 1	Jahr 2	Jahr 3	Jahr 4	Jahr 5
1 Schulung Verkaufsmitarbeiter	75'000 CHF	- CHF	- CHF	- CHF	- CHF	- CHF
2 CRM Anwenderschulung	- CHF	150'000 CHF	- CHF	- CHF	- CHF	- CHF
3 externer Berater Verkauf	384'000 CHF	- CHF	- CHF	- CHF	- CHF	- CHF
4 Schulung Mitarbeiter Entwicklung	50'000 CHF					
5 externer Berater Entwicklung	256'000 CHF					
Subtotal	765'000 CHF	150'000 CHF	- CHF	- CHF	- CHF	- CHF
Total						915'000 CHF

Abbildung 4.12: zeitliche Kostenverteilung auf Seite Fachabteilungen

Investitionskosten (IT)	Jahr 0	Jahr 1	Jahr 2	Jahr 3	Jahr 4	Jahr 5
1 Lizenzkosten Software	200'000 CHF	- CHF	- CHF	- CHF	- CHF	- CHF
2 Schulung Mitarbeiter Informatik	12'000 CHF	- CHF	- CHF	- CHF	- CHF	- CHF
3 Konfiguration Software	192'000 CHF	- CHF	- CHF	- CHF	- CHF	- CHF
4 Schnittstellenentwicklung	192'000 CHF	- CHF	- CHF	- CHF	- CHF	- CHF
Subtotal	596'000 CHF	- CHF	- CHF	- CHF	- CHF	- CHF
laufende Kosten (IT)						
1 Wartungsvertrag/jährlich	65'000 CHF	65'000 CHF	65'000 CHF	65'000 CHF	65'000 CHF	65'000 CHF
2 Hardwareanschaffung (alle drei Jahre)	60'000 CHF			60'000 CHF		
Subtotal	125'000 CHF	65'000 CHF	65'000 CHF	125'000 CHF	65'000 CHF	65'000 CHF
Total						1'106'000 CHF

Abbildung 4.13: zeitliche Kostenverteilung auf Seite der internen IT

Nutzen	Jahr 0	Jahr 1	Jahr 2	Jahr 3	Jahr 4	Jahr 5
geringere Betriebskosten						
E Kosteneinsparung						
1 Aufhebung Wartungsvertrag	- CHF	30'000 CHF	30'000 CHF	30'000 CHF	30'000 CHF	30'000 CHF
2 Vermeidung Hardwarekosten	- CHF	40'000 CHF	- CHF	- CHF	40'000 CHF	- CHF
3						
Subtotal	0 CHF	70'000 CHF	30'000 CHF	30'000 CHF	70'000 CHF	30'000 CHF
Total						230'000 CHF

Abbildung 4.14: Nutzenverteilung über den Betrachtungszeitraum durch neues CRM System

4. Fallbeispiel Allgemeine Schweizer Krankenversicherung 57

Nutzen		Jahr 0	Jahr 1	Jahr 2	Jahr 3	Jahr 4	Jahr 5
Umsatzerhöhung							
A	Erhöhung vorhandener Umsatzquellen						
1	Umsatzerhöhung/Kunde	- CHF	- CHF	1'440'000 CHF	2'880'000 CHF	2'880'000 CHF	2'880'000 CHF
2	Vermeidung Kundenabgänge	- CHF	- CHF	288'000 CHF	576'000 CHF	576'000 CHF	576'000 CHF
3	Erhöhung Neukundenanzahl	- CHF	- CHF	720'000 CHF	1'440'000 CHF	1'440'000 CHF	1'440'000 CHF
Subtotal		0 CHF	0 CHF	2'448'000 CHF	4'896'000 CHF	4'896'000 CHF	4'896'000 CHF
Total							17'136'000 CHF

Abbildung 4.15: Nutzenverteilung über den Betrachtungszeitraum für die Parameter Kundenumsatz sowie Kundenzu-/abgänge

Aus diesen Kosten-/Nutzen-Berechnungen einschliesslich den vorgegebenen Randbedingungen wird die Investitionsrechnung wie in Tabelle 4.16 dargestellt durchgeführt. Der *Cash-Outflow (erfolgswirksam)* beinhaltet dabei alle Ausgaben, die nicht in die Unternehmensbilanz einfliessen. Dazu gehören z.B. die Ausgaben für externe Berater, Personalkosten aber auch die Softwarelizenzkosten. Der *Cash-Outflow (bilanzwirksam)* weist hingegen die Kosten aus, die in die Bilanz übergehen und somit abgeschrieben werden können. Im Fall der CRM Systemeinführung sind dies ausschliesslich die Hardwarekosten.

Dateneingabe	0	1	2	3	4
	2017	2018	2019	2020	2021
Projektkosten (einmalig)					
- Cash-Outflow (erfolgswirksam)	1'931'000	459'000	0	0	0
- Cash-Outflow (bilanzwirksam; 3 J)	0	0	0	0	0
Total	1'931'000	459'000	0	0	0
Betriebskosten (laufend)					
- Cash-Outflow (erfolgswirksam)	65'000	65'000	65'000	65'000	65'000
- Cash-Outflow (bilanzwirksam; 3 J)	60'000	0	0	60'000	0
Total	125'000	65'000	65'000	125'000	65'000
Gesamtkosten	2'056'000	524'000	65'000	125'000	65'000
Nutzen					
+ Cash-Inflow durch Einsparungen	0	70'000	30'000	30'000	70'000
+ Cash-Inflow durch Umsatz	0	0	2'448'000	4'896'000	4'896'000
Gesamtnutzen	0	70'000	2'478'000	4'926'000	4'966'000
Kosten/Nutzen Delta	-2'056'000	-454'000	2'413'000	4'801'000	4'901'000
Total Gesamtnutzen					12'440'000
Total Kosten/Nutzen Delta					9'605'000

Abbildung 4.16: Berechnung der Gesamtkosten und -nutzen

Da der Wert des Geldes über die Zeit abnimmt, sind Cashflows in der Zukunft niedriger zu bewerten, als Cashflows die zum jetzigen Zeitpunkt anfallen (Prinzip Zeitwert des

4. Fallbeispiel Allgemeine Schweizer Krankenversicherung

Geldes). Dieser Tatsache wird in der Investitionsrechnung durch den Diskontierungsfaktor Rechnung getragen. Der in Tabelle 4.17 verwendete Diskontierungsfaktor entspricht einer Verzinsung von 10 Prozent. Die Kosten und der Nutzen eines Projekts fällt über die Zeit verteilt unterschiedlich aus. Folglich müssen für eine aussagekräftige Bewertung die diskontierten Cashflows über alle Betrachtungsperioden kumuliert werden.

Für die CRM-Systemeinführung ergibt sich somit die in Tabelle 4.17 dargestellte Investitionsrechnung sowie die in Tabelle 4.18 zusammengefassten Ergebnisse. Während den ersten Jahren ist mit einem negativen Cashflow zu rechnen der erst im dritten Jahr positiv wird um schliesslich im vierten Jahr den Break-Even (Projektkosten sind durch Mehreinnahmen vollständig kompensiert) erreicht zu haben. Über den gesamten Betrachtungszeitraum von fünf Jahren generiert das Projekt einen positiven Net Present Value (NPV) und ist somit grundsätzlich als positiv zu bewerten.

Berechnung	0 2017	1 2018	2 2019	3 2020	4 2021	Total
+ Cash-Inflow	0	70'000	2'478'000	4'926'000	4'966'000	12'440'000
- Cash-Outflow (erfolgswirksam)	1'996'000	524'000	65'000	65'000	65'000	2'715'000
Cashflow vor Steuern	-1'996'000	-454'000	2'413'000	4'861'000	4'901'000	9'725'000
- Abschreibungen	0	20'000	20'000	20'000	20'000	80'000
Zu versteuernder Cashflow	-1'996'000	-474'000	2'393'000	4'841'000	4'881'000	9'645'000
- Steuern	0	0	478'600	968'200	976'200	
+ Rückaddition Abschreibungen	0	20'000	20'000	20'000	20'000	80'000
Cashflow nach Steuern	-1'996'000	-454'000	1'934'400	3'892'800	3'924'800	7'302'000
- Cash-Outflow (bilanzwirksam)	60'000	0	0	60'000	0	120'000
Cashflow nach Steuern u. Invest.	-2'056'000	-434'000	2'433'000	4'941'000	4'921'000	9'805'000
Kumulierter Cashflow	-2'056'000	-2'490'000	-57'000	4'884'000	9'805'000	
Diskontierungsfaktor	1.0000	0.9091	0.8264	0.7513	0.6830	
Diskontierter Cashflow	-2'056'000	-394'545	2'010'744	3'712'246	3'361'109	
Kumulierter diskontierter Cashflow	-2'056'000	-2'450'545	-439'802	3'272'445	6'633'554	<-NPV

Abbildung 4.17: Investitionsrechnung unter Berücksichtigung des Zeitwert des Geldes

Ergebnisse (Kennzahlen)		
Net Presen Value (NPV):	6'633'554	CHF
Payback Dauer (dynamisch):	3.12	Jahre
Return on Investment:	6	%

Abbildung 4.18: Zusammengefasste Ergebnisse der Investitionsrechnung

Um jedoch eine genauere Bewertung des Projekts durchführen zu können, betrachtet der IT-Leiter zusätzlich die finanziellen Auswirkungen der möglichen Projektrisiken.

4.5 Risiken

Als mögliche Risiken sieht er generell die Nichterreichung der Nutzenpotentiale (Erhöhung des Umsatzes pro Kunden, Reduzierung der Kundeabgänge, Erhöhung der Kundenanzahl) im prognostizierten Ausmass. Auf Grund den getroffenen Abklärungen schätzt er die Eintrittswahrscheinlichkeit jedoch als Mittel ein. Sorgen machen ihm die nicht gelebten neuen Prozesse sowie der Aufwand für Softwarekonfiguration und Schnittstellenentwicklung. Beide Faktoren führen dazu, dass der angestrebte Nutzen verzögert eintritt. In früheren Projekten konnte dies bereits beobachtet werden. Der IT-Leiter schätzt die Eintrittswahrscheinlichkeit als hoch ein. Tabelle 4.3 zeigt die Risiken und deren Eintrittswahrscheinlichkeit.

Risiko	Eintritts-wahrscheinlichkeit
Erhöhung des Umsatzes pro Kunden	mittel
Reduzierung der Kundeabgänge	mittel
Erhöhung der Kundenanzahl	mittel
Softwarekonfiguration	hoch
Schnittstellenentwicklung	hoch

Tabelle 4.3: Projektrisiken und Eintrittswahrscheinlichkeit

4.6 Sensitivätsanalyse

Während der Projektdurchführung gestaltet sich die Kontrolle aller möglichen Risiken als sehr aufwendig. Um die Anzahl zu kontrollierender Risiken gering zu halten, interessiert er sich für die Risiken, die den grössten finanziellen Einfluss haben. Hierzu führt er eine Sensitivitätsanalyse durch. Dabei variiert er jeweils getrennt voneinander die entsprechenden Eingabeparameter um +/- 25 Prozent (siehe Abbildung 4.19). Diese Varianz scheint ihm ausreichend genug, um die unterschiedlich starken Abweichungen erkennen zu können. Es stellt sich heraus, dass die Parameter *mehr Umsatz pro Kunde*, *mehr Kunden* und *weniger Kundenabgänge* den grössten finanziellen Einfluss haben und bei einer Projektdurchführung kontrolliert bzw. deren Eintrittswahrscheinlichkeit mit geeigneten Mitteln begegnet werden sollte.

4. Fallbeispiel Allgemeine Schweizer Krankenversicherung 61

		Sensitivität	Einfluss auf NPV (in TSD CHF)	
Nutzen	weniger Kundeabgänge	+/-25%	-355	+355
	mehr Kunden	+/-25%	-889	+889
	mehr Umsatz pro Kunde	+/-25%	-1'777	+1'777
	Reduzierung Betriebskosten	+/-25%	-44	+44
Kosten	Software-konfiguration	+/-25%	-48	+48
	Schnittstellen-entwicklung	'+/-25%	-48	+48

Abbildung 4.19: Ergebnisse der Sensitivitätsanalyse

4.7 Szenarioanalyse

Um die Bandbreite der finanziellen Auswirkungen beurteilen zu können, führt der IT-Leiter mit Unterstützung des Verkaufsleiters zusätzlich eine Szenarioanalyse durch. Beim pessimistischen Fall geht er auf der Nutzenseite davon aus, dass der Umsatz pro Kunde durch die CRM Systemeinführung nicht gesteigert werden kann. Die Kundenabgänge können nur zu fünf Prozent reduziert werden während die Kundenanzahl lediglich um 0.5 Prozent zunimmt. Auf der Kostenseite kann im schlimmsten Fall die Anpassung der Software und Schnittstellenentwicklung sich um sechs Monate verlängern, was zu einer Verlängerung der gesamten Projektlaufzeit führt und damit verbunden zu einer Verzögerung des Eintretens des erhofften Nutzens.

Für den optimistischen Fall gehen beide von einer Erhöhung des Umsatzes pro Kunden um vier Prozent aus sowie einer Reduzierung der Kundenabgänge um 15 Prozent. Diese Einschätzung treffen sie auf Grund den CRM Software Herstellerangaben sowie Informationen anderer Krankenversicherungen. Auf der Kostenseite rechnen sie durch das Betreiben der Software bei einem externen Dienstleister

(Cloud Anwendung) und Abrechnung pro Anwender (pay-per-use) mit niedrigeren Anschaffungs- und Betriebskosten. Dies wirkt sich ebenfalls positiv auf die Projektlaufzeit aus, da Installations- und Konfigurationaufwand eingespart werden kann. Als wahrscheinlichen Fall nehmen die beiden die bereits zuvor getroffenen, ursprünglichen Annahmen an.

Schlussendlich überträgt der IT-Leiter die Annahmen in seine Kalkulation und fasst die Sensitivitätsanalyse grafisch zusammen (siehe Abbildung 4.20).

Sie zeigt, dass im pessimistischen Fall die Kombination aus höheren Kosten und geringeren Einnahmen der Wertbeitrag pro Monat geringer ausfällt - die entsprechende Gerade des Schaubilds verläuft flacher. Auf Grund der längeren Projektlaufzeit tritt erst im Jahr 3 ein positiver Cashflow ein, und nicht wie im wahrscheinlichen Fall bereits in Jahr 2.

Im optimistischen Fall führen die höheren Einnahmen zu einem grösseren Cashflow pro Monat d.h. die entsprechende Gerade steigt stärker verglichen zum wahrscheinlichen Fall. In Kombination mit den geringeren Projektkosten und dem schnelleren Projektabschluss wird der Break-Even bereits Anfang des dritten Jahres erreicht.

Zusammenfassend sagt die Szenarioanalyse aus, dass sich das Projekt für die ASK möglicherweise finanziell nicht lohnen wird, falls die erhofften Umsatzsteigerungen nicht erreicht werden können. Bei einer möglichen Projektdurchführung sollte zudem darauf geachtet werden, dass die Projektlaufzeit 18 Monate nicht überschreitet sowie die angepassten Verkaufs- und Entwicklungsprozesse zu den vorhergesagten Verbesserungen führen.

Nach den durchgeführten Untersuchungen ist der IT-Leiter gegenüber der Wirtschaftlichkeit der CRM-Einführung positiv gestimmt. Er fasst die Erkenntnisse und Ergebnisse in einem Bericht zusammen, den er der Geschäftsleitung der ASK zustellt. Für das nächste Geschäftsleitungstreffen hat er bereits eine Termineinladung erhalten, um die Ergebnisse zu präsentieren.

4. Fallbeispiel Allgemeine Schweizer Krankenversicherung

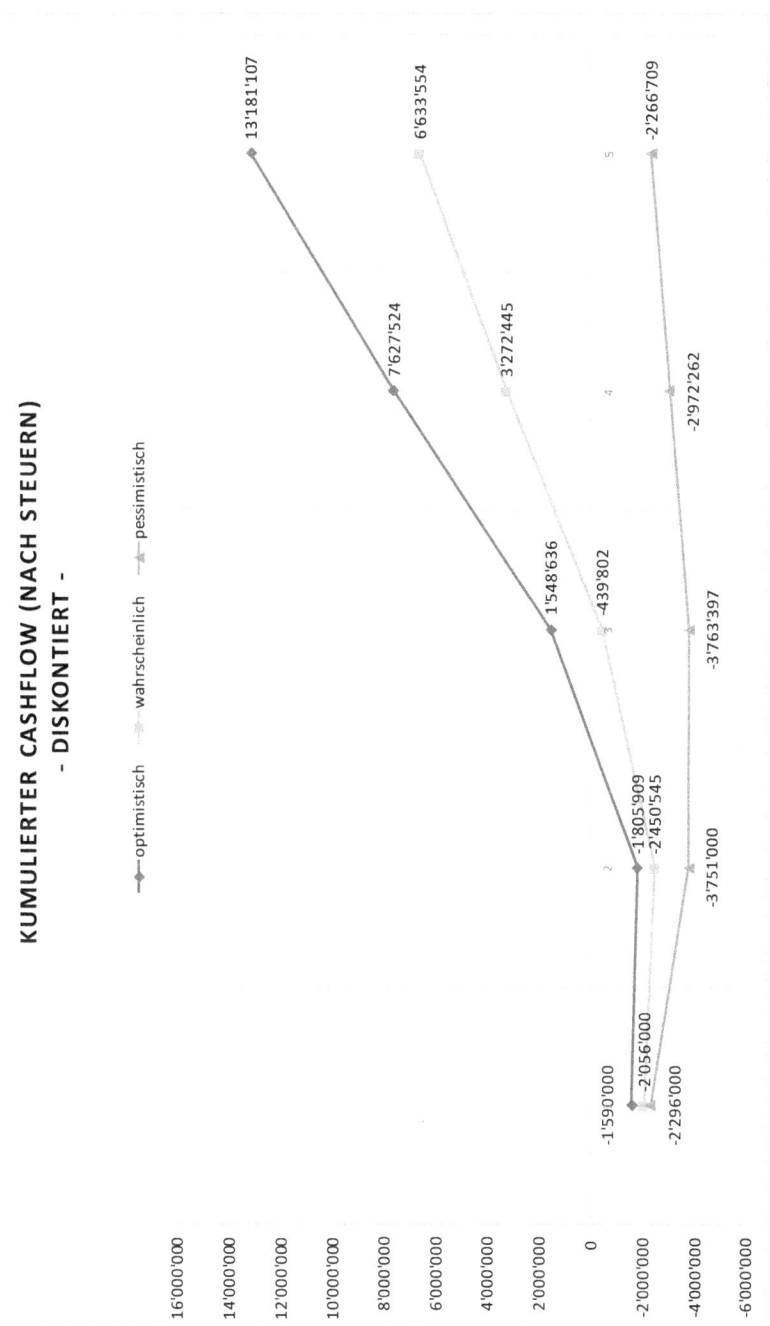

Abbildung 4.20: Ergebnisse der Szenarioanalyse

Kapitel 5

Zusammenfassung, Schlussfolgerungen und Massnahmen

5.1 Zusammenfassung

Informationstechnologie (IT) liefert an sich keinen Nutzen. Ihr Nutzen entsteht erst durch die Anwendung in den Geschäftsprozessen. IT wird überwiegend zur Reduzierung der Prozesskosten eingesetzt. Unbeachtet bleibt, wie mit Hilfe von IT über (neue) Geschäftsprozesse die Einnahmen erhöht werden können.

Investitionen in IT und damit verbunden Bewertungen von IT-Projekten erfahren dadurch eine einseitige Betrachtung. Der Nutzen durch Erhöhung der Einnahmen wird nicht oder ungenügend quantifiziert. Unternehmen vergeben dadurch Chancen, durch IT-Projekte ihren Erhalt und ihr Wachstum zu sichern.

Über die Verknüpfung der IT-Projekte mit den Geschäftsprozessen und Unternehmensziele wird der Zusammenhang mit den Herausforderungen des Unternehmens hergestellt. Die Segmentierung der Projekte unterstützt zusätzlich die Identifizierung und Quantifizierung des Nutzens. Der Vergleich des prognostizierten und eingetretenen Nutzens nach Projektabschluss erhöht die Genauigkeit nachfolgender Business Cases zur Projektbewertung.

5.2 Schlussfolgerungen

Das präsentierte Vorgehensmodell macht den Nutzen von IT-Projekten durch deren Verknüpfung mit den Geschäftsprozessen und Unternehmenszielen deutlich. Mit Hilfe der erläuterten Strategiekarte kann der Zusammenhang erarbeitet und kommuniziert werden. Zudem bedient sich das Vorgehensmodell bereits existierender Methoden der Projektbewertung, -durchführung und -kontrolle was die praktische Anwendung des Modells vereinfacht.

Für eine Bewertung der Projekte sollten diese nach ihrem Innovationsgrad unterschieden werden. Für unternehmensverändernde Projekte lässt sich der Nutzen und die Kosten sehr ungenau bestimmen. Darum sollten andere Methoden der Bewertung und Durchführung angewendet werden. Mögliche Alternativen stellt die Finanzierung in Form von unternehmensinternem Venture Capital, Ausgliederung als Start-up oder örtlich Trennung des Projektteams dar.
Zwar wurde nicht genauer untersucht, ob und wie Schweizer KMUs eine Projektunterscheidung durchführen. Es ist jedoch gängige Praxis, unterschiedlich hohe Risiken in den Kalkulationszinsfuss bzw. Diskontierungsfaktor der Projektbewertung einfliessen zu lassen.

Aus den durchgeführten Interviews lässt sich erkennen, dass nur wenige Schweizer KMUs das Potential ihrer internen IT erkennen. Zu stark liegt ihr Fokus auf der Reduzierung von Prozesskosten durch IT. Dadurch sieht sich die IT-Abteilung als Unterstützungsfunktion, als Lieferant der Technologie, und macht sich wenig Gedanken wie die Einnahmen des Unternehmens erhöht werden können.
Ebenfalls lassen sich die Unternehmen die Möglichkeit entgehen,

ihre Projektbewertungsmethode zur verbessern. Denn es wird nicht verglichen, welcher Nutzen durch den Business Case prognostiziert und welcher Nutzen tatsächlich eingetreten ist.

Es liegen keine Aussagen der Interviewpartner vor, warum keine Kontrolle des Business Case am Projektende durchgeführt wird. Es kann angenommen werden, dass der Aufwand für die Prüfung gescheut wird. Weiter könnten sich die Projektziele während der Durchführung geändert haben, was ein erneutes Erstellen des Business Case erforderlich machen und somit zu Zusatzaufwand führen würde.

5.3 Kritische Betrachtung und Massnahmen

Eines der zentralen Elemente des Vorgehensmodells stellt die Strategiekarte dar. Deren Erstellung kann sich als sehr zeitaufwändig erweisen. Zumal sie gemeinsam mit dem oberen Management erarbeitet werden sollte. Zwar sollten alle Beteiligten das gleiche Verständnis in Bezug auf die Herausforderungen, Ziele, Prozesse und Voraussetzungen haben. Dies wird jedoch in der Realität nicht oft anzutreffen sein. Darum sollte die Erarbeitung der Strategiekarte in Form von mehreren Workshops durchgeführt werden, geleitet von einem professionellen, externen Moderator. Dieser kann bei stark auseinandergehenden Meinungen vermittelnd eingreifen.

Die Einschätzung der Herausforderungen kann zudem auf eine subjektive Wahrnehmung Einzelner beruhen. Das Unternehmen sollte unbedingt ihre eigenen Einschätzung durch eine weitere, externe Stelle verifizieren lassen.

Weiter besteht bei der Erstellung der Strategiekarte die Gefahr, zu viele Herausforderungen und Ziele gleichzeitig angehen zu wollen. Es sollten jedoch nur wenige (2-4), aber wesentliche Herausforderungen und Ziele in die Strategiekarte aufgenommen werden. Insbesondere zu Beginn der Anwendung des Modells sollte mit nur einem Projekt gestartet werden. Idealerweise sollte es sich um ein Projekt mit geringem Risiko handeln, um am Anfang möglichst viele Erkenntnisse zu gewinnen. Dies hilft im Umgang mit dem Modell vertraut zu werden, dieses für neue

Problemstellung zu adaptieren und Enttäuschungen zu vermeiden. Über die Zeit kann der Umfang, Art und Anzahl der Projekte angepasst werden. Eine geringe Anzahl gleichzeitiger Herausforderungen und Ziele reduziert zudem die Gefahr, dass sich diese gegenseitig beeinflussen oder Überschneidungen aufweisen. Zusammenhänge werden hierdurch offensichtlicher.
Ferner hängt die Verbesserung der Business Cases mit der Anzahl vergleichbarer Projekte zusammen. Nur wenn eine genügend hohe Anzahl Projekte ähnliche Randbedingungen, Vorgaben und Ziele aufweisen, lassen sich die Erkenntnisse aus dem Soll-Ist-Vergleich auf weitere Projekte anwenden. So könnte z.B. über eine Reduzierung der Dauer und Umfang der Projekte gleichzeitig die Anzahl und Vergleichbarkeit erhöht werden.

In den untersuchten Unternehmen wird kein Bezug der IT-Projekte mit den Herausforderungen oder der Strategie hergestellt. Für eine genauere Beurteilung des beschriebenen Vorgehensmodells sollte untersucht werden, was die Gründe der Unternehmen sind, diesen Bezug nicht herzustellen. Mögliche Ursachen könnten u.a. fehlende Erfahrung in der Anwendung oder geringem Bekanntheitsgrad bestehender Modelle sein.

Unter Berücksichtigung dieser Massnahmen kann das beschriebene Vorgehensmodell beitragen, den Nutzen von IT-Projekten zu identifizieren, quantifizieren und kommunizieren.

Literaturverzeichnis

[1] Steven C. Bell. *Run Grow Transform*. Boca Raton, FL: Taylor & Francis Inc, 2012. 372 S. (siehe S. 6, 23).

[2] Ralph Brugger. *Der IT Business Case: Kosten erfassen und analysieren - Nutzen erkennen und quantifizieren - Wirtschaftlichkeit nachweisen und realisieren*. 1. Aufl. Springer Berlin Heidelberg, 2006. 413 S. (siehe S. 9, 10).

[3] Cassio Dreyfuss. *CIOs Should Leverage Business Relationship Managers to Get Digital Initiatives Just Right*. 5. Nov. 2015. URL: http://www.gartner.com/document/3163118?ref=TypeAheadSearch&qid=3572cc7931221902fd9b5471599157dc (besucht am 12.12.2015) (siehe S. 6).

[4] Daniel Huber. „Innovations Management". Berner Fachhochschule, Bern, 2014 (siehe S. 7).

[5] David Avison und Guy Fitzgerald. *Informations Systems Development*. 4th edition. London: McGraw-Hill Education, 1. März 2006. 670 S. (siehe S. 30).

[6] *Definition of Change Management in Context*. URL: https://www.prosci.com/change-management/thought-leadership-library/change-management-definition (besucht am 18.12.2015) (siehe S. 13, 32).

[7] W. Edwards Deming. *Out of the Crisis*. Reprint. Cambridge, Mass.: The Mit Press, 2000. 523 S. (siehe S. 20).

[8] Felix Moser. *Welches ist der passende Projektmanagement-Standard für Sie bzw. Ihr Unternehmen?* März 2014. URL: http://www.project-competence.com/media/fachletter_

news/43/PM_Standards_web.pdf (besucht am 18.12.2015) (siehe S. 12).

[9] George Pitagorsky. *Lessons Learned Through Process Thinking And Review*. März 2000. URL: http://www.pmi.org/learning/lessons-learned-process-thinking-review-3169 (besucht am 23.12.2015) (siehe S. 30).

[10] *Geschäftlicher Nutzen von IT Projekten*. Unter Mitarb. von Ulrich Hertig. 8. Dez. 2015 (siehe S. 7).

[11] *Geschäftlicher Nutzen von IT Projekten*. Unter Mitarb. von Philipp Hoernes. 7. Dez. 2015 (siehe S. 7, 12).

[12] Heather Colella. *Effective Communications: Stakeholder Analysis*. Gartner, 7. Dez. 2015. URL: http://www.gartner.com/resources/170500/170514/effective_communications_sta_170514.pdf (besucht am 27.12.2015) (siehe S. 34).

[13] Heather Colella und Andy Rowsell-Jones. *A Practical Guide to Stakeholder Management*. Gartner, 8. Juli 2015. URL: http://www.gartner.com/resources/238500/238567/a_practical_guide_to_stakeho_238567.pdf (besucht am 27.12.2015) (siehe S. 33).

[14] Frank Hinkel. *Frank Hinkel : PMBOK und PRINCE2 - Ein systematischer Vergleich im Projektmanagement*. 31. Dez. 2012. URL: http://frankhinkel.blogspot.ch/2012/01/pmbok-und-prince2-ein-systematischer.html (besucht am 26.01.2016) (siehe S. 74).

[15] Richard Hunter und George Westerman. *Real Business of IT: How CIOs Create and Communicate Value*. Boston, Mass: Harvard Business Review Press, 2009. 240 S. (siehe S. 28, 35).

[16] Informatiksteuerungsorgan des Bundes ISB. *HERMES*. URL: http://www.hermes.admin.ch/onlinepublikation/index.xhtml (besucht am 29.12.2015) (siehe S. 73).

[17] Gerry Johnson, Kevan Scholes und Richard Whittington. *Exploring Corporate Strategy*. 8th edition. Harlow: Prentice Hall, 2009. 625 S. (siehe S. 35).

Literaturverzeichnis

[18] Robert S. Kaplan und David P. Norton. *Balanced Scorecard: Strategien erfolgreich umsetzen.* Übers. von Péter Horváth, Beatrix Kuhn-Würfel und Claudia Vogelhuber. 1. Aufl. Stuttgart: Schäffer-Poeschel Verlag, 17. Sep. 1997. 333 S. (siehe S. 26).

[19] Robert S. Kaplan und David P. Norton. *Strategy Maps: Converting Intangible Assets into Tangible Outcomes.* 1 edition. Boston: Harvard Business Review Press, 2. Feb. 2004. 454 S. (siehe S. 21).

[20] Martin Kütz. *Kennzahlen in der IT: Werkzeuge für Controlling und Management.* 4. Aufl. Heidelberg: dpunkt, 2010. 360 S. (siehe S. 1, 8, 25, 26, 73).

[21] Roman Lombriser und Peter A. Abplanalp. *Strategisches Management: Visionen entwickeln, Erfolgspotenziale aufbauen, Strategien umsetzen.* Zürich: Versus, 1. Sep. 2015. 608 S. (siehe S. 24, 36).

[22] Mark Raskino. *Executive Advisory: CEO and Senior Executive Survey, 2011; Detail Report.* 25. März 2011 (siehe S. 13).

[23] Ian D. Wedgwood Ph.D. *Lean Sigma: A Practitioner's Guide.* 1 edition. Prentice Hall, 10. Okt. 2006. 744 S. (siehe S. 27).

[24] Philippe Kruchten. *The Rational Unified Process: An Introduction.* 3 edition. Boston: Addison-Wesley Professional, 20. Dez. 2003. 336 S. (siehe S. 75).

[25] *PMBOK Guide.* URL: http://www.pmi.org/pmbok-guide-and-standards/pmbok-guide.aspx (siehe S. 74).

[26] Michael E. Porter. *Wettbewerbsstrategie: Methoden zur Analyse von Branchen und Konkurrenten.* Übers. von Volker Brandt und Thomas Carl Schwoerer. 12. Aufl. Frankfurt am Main: Campus Verlag, 14. Feb. 2013. 486 S. (siehe S. 8, 18).

[27] Michael E. Porter. *Wettbewerbsvorteile: Spitzenleistungen erreichen und behaupten.* 8. durchgesehene Auflage Auflage. Frankfurt am Main: Campus Verlag, 13. Feb. 2014. 688 S. (siehe S. 2).

[28] Cuno: Pümpin. *Management strategischer Erfolgspositionen. Das SEP-Konzept als Grundlage wirkungsvoller Unternehmensführung*. Bern: Paul Haupt, Berne, 1983 (siehe S. 37).

[29] Mbula Schoen. *Organizational Change Is Centric to IT Projects' Success*. 9. Apr. 2015. URL: http://www.gartner.com/document/3025520?ref=solrAll&refval=160087015&qid=aa904c1b7f9c6e65f3e41c4a237f3bdf (besucht am 12.12.2015) (siehe S. 13, 14).

[30] John Ward und Elizabeth Daniel. *Benefits Management: How to Increase the Business Value of Your IT Projects*. 2. Auflage. Chichester, West Sussex: John Wiley & Sons, 10. Aug. 2012. 362 S. (siehe S. 13, 19, 21, 27, 28, 30, 37).

Glossar

CRM Anwendung zur Verwaltung von Kundenbeziehungen. CRM Systeme versprechen, auf Grund systematischer Verwaltung der Kundenbasis eine höhere Verkaufszahl sowie grössere Kundenpenetration d.h. mehr Umsatz pro Kunde zu erreichen. CRM System werden entweder von der internen IT-Abteilung betrieben. Alternativ können CRM Funktionen auf einer Mietpreisbasis bezogen werden.

Extreme Programming Agile Softwareentwicklungsmethode, welche möglichst früh Ergebnisse der Entwicklung liefert. Dadurch soll auf sich schnell ändernde Anforderungen reagiert werden können.

HERMES Projektmanagementmethode für Projekte im Bereich der Informatik, der Entwicklung von Dienstleistungen und Produkten sowie der Anpassung der Geschäftsorganisation [16].

IPMA Das IPMA ist ein Verband zur Förderung und Entwicklung von Kompetenzen im Projekt, Programm und Portfolio Management. Seine rund 60 Mitglieder sind geografisch verteilt.
IT Information Technology
ITIL ITIL besteht aus einer Sammlung von Anleitungen und Erfahrungen (Best Practices) zur Verwaltung von IT-Service. ITIL wurde in den letzten Jahren immer wieder erweitert und angepasst. Die aktuelle Version stellt ITIL v.3 dar [20].

KMU Als kleine und mittlere Unternehmen werden in dieser Arbeit Unternehmen mit weniger als 1'000 Mitarbeiter verstanden. Eine weitere Differenzierung der kleinen bzw. mittleren Unternehmen ist in dieser Arbeit nicht von Relevanz.

NCB Die National Competence Baseline stellt die geografische Ausprägung der IPMA Competence Baseline (ICB) dar.
NPV Der Net Present Value, oder auf deutch netto Barwert, drückt den Wert des Geldes zu einem bestimmten Zeitpunkt auf Basis eines Zinssatzes aus. Er geht davon aus, dass Geld mit zunehmender Dauer an Wert verliert. Der Wertverlust wird durch den Zinssatz definiert. Der Wert des Geldes wird durch den Diskontsatz, der sich durch Zinssatz und Zeitraum (meist in Jahren) bestimmt.

Objekt Orientierte Analyse Softwareentwicklungsmethode, welches auf einer schrittweisen Abbildung (Modellierung) der realen Welt auf Anweisungen in einer Programmiersprache basiert. Mit zunehmenden Anzahl Schritten nimmt dabei der Abstraktionsgrad der Modelle ab.
OGC Verwaltungsabteilung der Vereinten Königreichs, welches die Beschaffung sowie Durchführung von Projekten in der öffentlichen Verwaltung standardisiert. Das OGC hat die erste Version der Projektmanagement Methode Projects in controlled environments, version 2 (PRINCE2) entwickelt.

PMBOK Das PMBOK ist ein Rahmenwerk des Projektmanagement. Es wurde vom PMI erstellt, ein Verband zur Verbreitung und Etablierung effizienten Projektmanagements. PMBOK definiert 42 Projektmanagementprozesse, die in die Gruppen Initialisierung, Planung, Ausführung, Überwachung und Abschluss gegliedert sind [25].
PMI Verband zur Verbreitung und etablierung effizienten Projektmanagements.
PRINCE2 Projektmanagement Methode des Office of Government Commerce, UK (OGC). Es basiert auf den drei Strukturelementen Prozesse, Komponenten und Techniken [14].

Rational Unified Process Softwareentwicklungsmethode der Firma IBM zur Entwicklung von Systemen mit Hilfe von Objekt Orientierter Software. RUP unterscheidet dabei sowohl Phasen als auch Tätigkeiten. Während die Phasen aufeinanderfolgen und iterativ durchlaufen werden können, werden die Tätigkeiten meist parallel d.h. gleichzeitig durchgeführt. Zu den Tätigkeiten gehören u.a. Anforderungsaufnahme, Analyse und Design, Implememtation, etc. Zu den Phasen zählen Anfang, Ausarbeitung, Erstellung und Übergang [24].

Scrum Agile Softwareentwicklungsmethode. Der Begriff Scrum ist keine eigentliche Abkürzung, sondern wurde aus dem Rugby-Sport entlehnt. Besprechungen vor dem nächsten Spielzug werden Scrum genannt. Vor jeder Entwicklung einer Funktionalität werden durch das Entwicklerteam ebenfalls Scrum Meetings durchgeführt. Ziel dabei ist es zu definieren, was von wem innerhalb eines festen Zeitraums (meist ein bis zwei Wochen) erledigt wird. Die Aufgabenverteilung und Zeitplan definiert das Team selbst.

Six-Sigma Managementsystem zur Prozessverbesserung. Es beschreibt einen sich wiederholenden Zyklus fester Schritte zur Verbesserung bestehender Prozesse.

SMART SMART beschreibt Kriterien zur Definition von Zielen. Dadurch wird sichgerstellt, dass Ziele verstanden, gemessen und erreicht werden können. Zu den Kriterien gehören Spezifisch (S), Messbar (M), Akzeptiert (A), Realistisch (R), Terminiert (T).

Total Quality Management Qualitätsmanagement Methode, die die Qualität als Ziel jeder Tätigkeit definiert. Dabei wird der Begriff der Qualität nicht nur auf die Funktion sondern auch die Kunden und Lieferanten erweitert.

V-Modell klassische Softwareentwicklungsmethode. Das V-Modell ist ein Softwareentwicklungsprozess, der überwiegend in der öffentlichen Verwaltung der Bundesrepublik Deutschland eingesetzt wird.

Wasserfallmodell klassische Softwareentwicklungsmethode. Das Wasserfallmodell basiert auf einer schrittweisen Erstellung von Software. Die Ergebnisse jedes einzelnen Schrittes dienen als Input für den darauffolgenden Schritt.

www.ingramcontent.com/pod-product-compliance
Lightning Source LLC
Chambersburg PA
CBHW081120180526
45170CB00008B/2934